新零售策略規劃

林希夢 /著

客戶為王的4.0世代

contents 目錄

數位變革要領先佈局

本書推出當下，全球零售正歷經新冠肺炎疫情風暴，人們不上街，實體消費首當其衝。對於純門市經營的品牌大受衝擊，然而率先投入新零售佈局的實體品牌，由於透過虛實融合(OMO)營運，反而較不受影響，甚至逆勢成長，這就是虛實融合的力量。

近年來隨著全零售產業數位變革浪潮，我有幸能參與協助多家實體品牌虛實融合的推進計畫。比起過往一知半解，現在品牌對新零售、對虛實融合的發展趨勢，反而看得更加透徹。他們不只想幫顧客打造虛實融合的購物環境，從會員制度、優惠券、折扣活動、點數、購物金、升降……等提供線上線下一致化服務；他們還想做「實體電商」，讓顧客可以線上下單，店內取（送）貨，使門市成為發貨倉。

品牌希望藉由數位變革進行全通路經營，達到新零售目標，但往往成敗關鍵就在於舊體制下導入新科技，忽略既有營運、組織與服務也必須跟著重組，導致虛實衝突及組織抗拒等問題。數位變革就是企業變革，如同本書作者林希夢先生提到，新零售就是建立高效率、高度數位化的經營，而要做新零售，就是要依新組織架構做出主流程，這也是許多品牌經營者面對改革之路的巨大挑戰。

林希夢先生深耕兩岸零售行業多年，擁有新零售全鏈條變革的完整經驗，本書可說是將歷年來新零售發展集大成，更是林先生對於新零售業態的深度觀察。對正苦思於數位變革的品牌經營者，提供一個很好的策略依據，投入數位變革、啟動虛實融合有極佳參考。

　　全球疫情蔓延，面對市場不確定性，消費模式將大規模轉為線上，對實體品牌而言，在此非常時期倘若能打通虛實融合營運，使電商能為實體所用，更是新零售發展的機遇。當市場恢復常態後，因 OMO 循環已建立，品牌更能善用既有門市資源結合數位力量，發揮更大效益。數位變革要領先佈局，即早整備，當危機一來才能化為轉機，甚至成為下一波市場贏家。

何英圻

於 2020 年 2 月 10 日

現為
91 APP 董事長，業界尊稱：台灣新零售教父

讓新零售的策略規劃有所本

在「新零售」觀念的衝擊下，業者已嘗試採取諸多的創新作法，學者也討論各種的可能性，但「新零售」的內涵究竟為何，似乎大家仍在摸索，《新零售策略規劃——客戶為王的 4.0 世代》一書的出版，適時的彌補了此一缺口。

本書的作者林希夢，畢業於政治大學資訊管理學系，對於資訊科技在自動化物流行業的應用已累積多年經驗，又擁有完整的供應鏈管理與豐富的高階策略規劃工作經歷，因此在本書中，對於新零售能提出獨特和整合的看法。

希夢在自創的新零售策略規劃架構中，運用策略規劃的「環境分析」，來剖析近十幾年來的關鍵工業技術發展與商業模式創新，除了做出精闢的總結外，也對未來十年的總體商業模式轉型提出了預測與因應對策的建議。對於目前已從事零售行業的高階管理者、有興趣成立新零售公司的創業者，或是對於現在正在從事新零售轉型的製造業者，無論是競爭分析、數位化供應鏈規劃、精準行銷或客戶體驗分析，本書對新零售策略規劃均提供很好的分析架構。

本書結合「工業 4.0+ 物流 4.0」與「新零售」兩大領域，提出「廣義新零售」的看法，本人認為對於台灣的許多相關行業都有重要的意義。台灣的電子、自動化機械及資訊等行業，正邁向對人工智慧 (AI)、智慧物聯網 (AIoT) 及大數據分析 (Big Data Analysis) 等新技術的融合與產品創新的時代；「智慧製造」未來如果能進一步延伸與「智慧新零售」結合，應能大幅提升製造業與零售業的競爭力。

　　希夢在政治大學攻讀 EMBA 學位時，曾修習本人所教授之課程，他在討論時所展現的對生鮮電商行業的看法，令本人印象深刻。在電子商務與新零售行業不斷挑戰著傳統通路的今天，新零售的相關資訊雖然多，但是缺乏策略分析的角度，希夢以案例深入淺出的介紹新零售的策略規劃方法，對於業者（尤其是中小企業）規劃新零售的方向頗具參考價值。

　　基於本書的多項優點，本人預見希夢的精心之作能對新零售產生衝擊，因此以欣喜之心為序。

于卓民
於政治大學商學院企業管理學系
2020 年 1 月 30 日

現為
政治大學企業管理學系教授
研華科技股份有限公司獨立董事
元大期貨股份有限公司獨立董事

迎向新零售時代商機的捷徑

新零售時代來了，

新零售以消費者為中心，以客戶為王。

2011 年起，帶起了全通路零售的風潮，

2016 年起，新零售、新概念、新方式風起雲湧，

大家競相學習，努力贏得商機。

所謂新零售，是指企業以互聯網為依托，通過運用大數據、人工智慧等技術手段，對商品的生產、流通與銷售過程進行升級改造，並對線上服務、線下體驗以及現代物流進行深度融合。簡單來說，新零售就是以大數據為驅動，通過新科技發展和用戶體驗的升級，改造零售業形態。

我與林總相識二十多年，雖任職不同公司，但同處於台灣剛起步的國際物流與供應鏈業務領域，各自努力摸索前行，力求突破。後來更有幸於天津大田物流集團成為同事，林總在不同時段的創新商業模式營運管理和績效都有優質卓越表現，並為企業做出最大貢獻。林總曾多年位居高階專業經理人專業工作，不僅奮力不懈於職務，現在更積極熱忱，匯集整理寶貴的實務經驗，結合理論基礎，洞見產業發展趨勢，編著《新零售策略規劃——客戶為王的 4.0 世代》一書，在數位化和 4.0 虛實融合時代，提出了新零售的策略思考方法，融合了精準行銷戰略、客戶體驗管理、大量客製化生產模式等創見，高度結合了相關新技術的邏輯，給予諸多新零售相關管理技術深入淺出的詮釋，同時整理成系統化知識體系。

本書架構完整，邏輯清楚，內容豐富，每一章節的論述非常清晰，文辭流暢，書中每一個實務例證都是新零售發展與現實中的重要議題。

探討關鍵問題，提出解決方案。對於新零售的策略構面揭示核心 3+1 四大構面：高度數位化供應鏈管理、精準行銷、客戶體驗管理，再加上組織與人才培育。

本書對於企業由傳統供應鏈升級到數位化供應鏈的描述尤其新穎、深入，不但理論框架清晰，更符合實務管理需求。個人誠摯推薦本書可以做為大學與研究所商管學院的專業用書，以及新零售、品牌行銷、物流與智慧製造等行業，做為發展策略規劃的指引依據。同時更推薦廣大專業經理人藉由閱讀本書，自我期許更能與時俱進，展拓相關專業知識與管理能力。

個人長期以來耕耘在國際物流／供應鏈、零售通路領域，謹以所知，尚此數言。並利用這個機會表達個人對作者林希夢的欽佩與祝賀之意。

曾玉勤
於中國科技大學行銷與流通管理系

現為
中國科技大學行銷與流通管理系副教授
長榮國際儲運股份有限公司獨立董事
曾任
天津大田物流集團執行副總裁
順豐速運集團副總裁
昭安國際物流總經理等高階職務

一把解鎖新零售行業的金鑰

　　「新零售」行業的興起是劃時代的轉變，「新零售」的興起也將大幅度地改變人們的生活方式，和零售行業交易與相關聯供應鏈的運作模式。在各種有關「新零售」報導紛呈的情況下，個人感覺確實需要建立一個更加完整的「新零售」策略分析、規劃方法與框架，使「新零售」的高階管理者、供應鏈管理者、精準行銷管理者、客戶體驗管理者，以及相關工作團隊都能對於「新零售」的策略管理，具有更加全面的認識，並賦予從事「新零售」相關行業的專業工作者全新的策略分析工具，做為建立「新零售」策略分析，或是打造策略武器的重要依據！

　　在本書之中，對於「新零售」與虛實融合的 4.0 世代，包含：「工業 4.0」、「物流 4.0」、「行銷 4.0」（由菲利浦‧科特勒提出）等 4.0 世代的全新理論互相之間的關係，進行了體系化的研究與分析。因此，我首創提出「廣義新零售」的概念，是包含了「新零售」（或稱為「全通路零售」）與「工業 4.0」互相為用的觀念，在虛實融合的 4.0 世代，應該是「工業 4.0+ 物流 4.0」+「新零售」成為供應鏈上的前後兩大部分的策略框架。並且對於「工業 4.0+ 物流 4.0」+「新零售」結合的「廣義新零售策略規劃」創新地提出，以經營實務為主要觀點的「3+1 策略構面」，使「新零售」的高階管理者得以用來做為策略規劃的框架。

　　策略的規劃與實施一直都是企業領導者的最重要任務，特別是在「新零售」甚囂塵上的這個時代。在短短的三至五年之內，「新零售」行業突然大量崛起，乃至大部分新創企業消亡。這樣的劇烈變化值得讓我們靜下來思考：到底「新零售」行業真正成功的方向是什麼？為何有些「新零售」企業已經成功，或是顯然在即將由虧損轉向營利的道路上？

　　由於我有幸親自參與了在中國大陸大型生鮮電商的高階管理工作，

並且在一些位居關鍵高階好友的協助之下，瞭解到更多「新零售」企業的奮鬥過程。做為一個曾經在系統設計與開發、資訊科技顧問、產品行銷、流程改造、供應鏈管理、第三方物流，與「新零售」等多個領域工作過的專業經理人，在面對這樣一個劃時代的改變階段，我對自己提出了一項大膽的挑戰：基於我在供應鏈管理全鏈條上完整的工作經驗，分析並解構「新零售」的策略規劃步驟與方法架構。

很幸運地，在我剛剛年過三十歲就實際接觸到工作實務上的策略規劃與實施。1999 年，我在中興保全集團對董事會提出「中保物流」的商業計劃書，從無到有建立了台灣第一個具備全自動化開箱分揀能力的第三方物流中心，服務企業包含：手機、藥品、化妝品、醫療等級營養品宅配等多種行業；在營運的第三年，把「中保物流」打造成為當時在台灣規模最大的錄影帶、DVD 影片出租行業物流中心，使得整個公司快速地超越損益兩平點，並進入盈利階段。同時，還贏得當時最重要的招標案之一：白蘭氏雞精的第三方物流招標，承蒙客戶愛護，使用「中保物流」的第三方物流服務至今將近二十年。

自此，我的工作歷程不再僅限於資訊科技、流程改造、物流管理，或是行銷專業的單一專業領域，而是藉由在大學時代幾位恩師所教導的工業工程與作業研究專業，綜合原有的工作專長，深入地把供應鏈管理的深度學理應用在企業策略規劃與實施之上。

在大田 - 聯邦物流集團工作時，我制定了「綜合物流部 (Integrated Logistics Division)」的策略定位與市場區隔，成功地把「綜合物流部」定位在以保稅、高端產品第三方物流服務的區隔，使得大田物流集團的「綜合物流部」，在三年內由每年幾百萬人民幣的營收，進入到每年億元人民幣等級。其中關鍵的一個策略，就是首創以「B 型保稅物流中心」為主的「供應商管理庫存 (VMI: Vendor Managed Inventory)」的

第三方物流運作模式：在長三角地區「蘇州物流園」建立「華碩電腦蘇州 VMI 專案」，在珠三角地區深圳福田保稅區建立「意法半導體 (ST-Micro)VMI 專案」，這兩個客戶都達成了一年之內庫存下降 50% 以上的成果。後來更贏得世界級的「德爾福（DELPHI，通用汽車的主要零件供應商）」、MITAC 神達電腦等客戶進駐到蘇州物流中心執行 VMI 專案，同時使得 3C 電子業、半導體行業客戶都陸續使用大田物流的服務。同時我還建立了一支以「快速提供高端物流解決方案」著稱的團隊，目前他們都已經位居各大公司供應鏈總監等重要職務。在此之後，我進入香港大昌行集團擔任大昌行物流中國區總經理，真正進入策略管理的專業經理人工作崗位。

後來，我進入統一企業擔任供應鏈總監，並且在統一企業中國區快速成長的八年過程中（年收入由 90 多億元上升到 200 多億元人民幣），打造了全中國大陸的供應鏈體系，包含設計開發運費與訂單管理系統、倉儲管理系統（管理近百個倉庫帳務，其中包括多個自動倉庫與半自動倉庫）、生產計畫系統，並且引進智模軟體公司 (LLamasoft) 的供應鏈大師 (Supply Chain Guru) 系統，做為「供應鏈網路設計最佳化 (Optimization for Supply Chain Network Design)」的分析工具。最終交出了八年之內，降低物流費用率超過收入的 1%（基於香港上市公司財務報表 HKEX:00220，2009~2016）的良好成績，在 2016 年的財務報表淨利率未達 5% 之中，占有接近三分之一的淨貢獻度。

在德國舍弗勒集團大中華區域的物流 / 供應鏈高階管理者任內，除了創造集團內部審查、集團外部第三方審查（汽車行業專屬的 TS-16949 與 ISO-9000）雙雙「零缺失」紀錄之外，我還運用作業研究在品質管理方面的高等算法模式，解決了某個物流中心錯誤率偏高的問題，改善結果是超過六個月以上「零投訴、零揀錯」。成功帶領團隊通過

KPMG 會計師事務所認證，以「循環盤點」取代「年度盤點」，降低了停工進行年度盤點時間超過三天，使得大中華區內的所有工廠相當於節省超過千萬歐元的停工產值。

在多點 (dmall.com) 擔任履約中心副總裁任內，我提出前置倉的揀貨效率改善模式，並協助多點在 2018 年的雙十一、雙十二創下北京有史以來單日最高的 O2O 生鮮電商行業訂單配送紀錄。同時，由於參與多點合作的超市客戶上千家門店線上線下一體化流程與系統上線改造，我累積了深入的第一線「新零售」工作經驗，也觸發了寫作本書的強烈意願。

由於近十至十五年以來，全世界在新科技、新管理方法論上的快速進步，使得高階管理者都或多或少察覺到在策略規劃時，對於世界級的新技術頻頻出現有追趕不及的吃力感。而本書獨創的「廣義新零售策略分析與規劃」架構，將近十至十五年以來，與「新零售」、「工業 4.0」相關的「新管理方法」、「新技術」等領域融合，成為一體化、高度清晰的「廣義新零售 3+1 策略規劃」框架，便於「新零售」的高階管理者進行系統性的策略分析、企業策略自我診斷，與從事「新零售」第一線實戰的管理者，做為「知己知彼、百戰不殆」的重要依據。同時，我也想強調：本書的定位主要是提供高階管理者做為實戰的策略規劃工具，而不僅是針對一些理論的單純思考。希望能對於日夜戰鬥在「新零售」行業火線上的工作者，在思考關鍵問題時能有所助益。

謹以此書，獻給過去、現在與即將在「新零售」行業奮鬥的專業工作者！

林希夢 寫於 2020 年 1 月

本書結構說明

「廣義新零售」的概念，是包含了「新零售」（或稱為「全通路零售」）與「工業 4.0」的一體化互相為用，在虛實融合的 4.0 世代，「廣義新零售」的範圍是「工業 4.0+ 物流 4.0」+「新零售」結合成為供應鏈上的前後兩大部分的策略框架。本書對於「工業 4.0+ 物流 4.0」+「新零售」結合的「廣義新零售策略規劃」，創新地提出了以經營實務為主要觀點的 3+1 策略構面，使得對「新零售」的管理人員可以用來做為策略規劃的框架。

在第一章，本書以「客戶為王」取代了「通路為王」時代的概念，來總結分析阿里研究院的「新零售報告」、京東提出的「無界零售」，與《哈佛商業評論》所首次刊登的「全通路零售」之間的異同。基於「客戶為王」的觀點，提出對於零售三要素：人、貨、場的深入看法。

在第二章，將列舉幾個世界級的「新零售」企業案例，從不同產業、不同規模的「新零售」企業經典案例來體現「新零售」的威力。

第三章「新零售的策略思考架構」，說明、整理了近十至十五年的新管理技術與新科學技術的進步與論點，並梳理了從工業 2.0 時代到工業 4.0 時代的關鍵技術與主要發明。同時分析了第二章案例的關鍵成功要素。

從第四章起，以 C2F「客戶向工廠訂製 (Customer to Factory)」的未來願景，做為整個「廣義新零售策略分析與規劃」的時代背景。未來 C2F 的社會在高度自動化、人工智慧化的科技進步之下，許多工作將會消失，而零售行業交易的模式將會更形精簡，只剩下「大量訂製化工廠」、「終端消費者」兩大角色，而在這兩者之間，只有以物流服

務商 (Logistics Service Provider)、資訊服務商 (Information Service Provider)、專業顧問服務等行業為主的「專業服務商」還能存在。

　　基於這個 C2F 的未來願景帶來的巨大變化與工業 4.0 革命的衝擊影響，本書在第五章提出了創新的「廣義新零售」的範圍與「廣義新零售策略規劃」的 3+1 策略構面：高度數位化供應鏈管理、精準行銷與客戶體驗管理＋組織與人才培育。在第六章至第八章，分項對於三大策略構面加以說明。組織與人才培育則在第六章至第八章個別說明。

　　最後，本書在第九章提出「中小企業也能做好新零售」的議題與實際成功案例，做為對於各種不同規模的「新零售」企業策略規劃的印證。

本書架構一覽

新零售的發展歷程與定義

數位化時代的新零售革命

新零售的策略思考架構

新零售的生產模式C2F

新零售的策略規劃架構

新零售的高度數位化
供應鏈管理

新零售的精準行銷

新零售的客戶
體驗管理

中小企業也能做好新零售

第1章

新零售的發展歷程與定義

從傳統電商到新零售的跨越

2018 年，臨近冬至的週五晚上八點多，北京中關村還在塞車時間，所有馬路都成了停車場。小王下班前接到大學室友小沈的微信，他來北京出差剛好下榻在小王租房打拚的中關村附近的快捷旅店。兄弟倆相約今晚一起在家裡喝兩杯，小王立刻打開一個生鮮超市的 APP，發現有個羊蠍子火鍋套餐裡面有肉有菜（包裝半成品），還碰上促銷優惠，超過 100 元人民幣就有優惠券可折抵 30 元人民幣，於是他又加上額外的涮羊肉片、蒿子桿、酒鬼花生米，以及兩瓶二鍋頭，然後立刻用第三方支付結帳下單。

小王下單後一個小時不到，配送的騎手小哥穿越重重車陣，及時把今晚兩兄弟聚餐的材料都送到小王家裡。小王也在下單之後擠上地鐵、再冒著寒風騎上共享單車，趕完最後 1.2 公里路，在九點鐘之前回到家，掐著時間點接到這張訂單的配送。不一會兒，小沈到了，小王已經把羊蠍子火鍋用電磁爐給煮上，倒好了酒等著小沈上門。

一見面，小王說：「你過來太好了，今晚我們好好喝兩杯。不是我小氣不帶你上餐廳吃飯，今晚是週五，中關村不但堵車，餐廳還沒有位子。」小沈表示：「是的，我走過來的路上全堵得不行！咱們哥倆不必客氣，沒想到你連羊蠍子鍋都能下單送到家裡來！這太棒了！大冬天的來北京，我就想吃這個！」

小王說：「現在的生鮮電商 APP，甚麼都能訂到！我還領了一張 30 元的優惠券呢！」這一頓哥倆吃喝完畢，才花費小王不到 200 元人民幣，比起到餐廳只有不到一半的價格。

上述場景正是號稱電商藍海的生鮮電商，近二至三年以來經常發生

的訂單消費場景之一：上班族利用生鮮電商的「新零售」模式購買在家做飯的材料，既能在很短時間內送達，又能保持生鮮食材的鮮度，甚至還可以根據臨時發生的最新需求，最後一個小時才下單。即使在週末晚間的交通高峰期，也不受塞車影響，照常可以輕鬆地在家下單做菜。

在過去以傳統菜市場為主的時代，這樣的場景幾乎是不可能發生的，因為加班之後回到家裡可能已經是八、九點之後，傳統菜市場早打烊休息，就算去超市買菜，也要趕在晚上九點關門之前到達，對於加班後身心俱疲的上班族來說，根本無心再做什麼太複雜的晚餐，也許點個外送餐就算吃過了。

但是生鮮電商以「新零售」全新的模式，改變加班族的生活，在任何需要的時候，可以為自己、為家人朋友很快地準備一餐拿手好菜！

無獨有偶地，2019 年起台灣的外送餐飲平台也大量崛起，雖然比中國大陸的美團等外賣平台興起的時間較晚，但仍出現了一些非常具有特色的美食外送餐廳。例如：位於台北市萬華區的「生活倉廚」就是一個百分百外送餐飲平台的成功案例。根據《天下雜誌》報導，創辦人張勝惟董事長本來是跟朋友合資開設冷凍食品電商，沒想到冷凍肉品滯銷，因而思考轉型，意外踏入餐飲外送平台業務，建立了典型的「虛擬餐廳（Virtual Restaurant, 又稱『數位餐廳 Digital Restaurant』）」。

筆者親自體驗了一下生活倉廚的創意菜單：烤牛小排、烤龍蝦、烤鮭魚等份量充足的豪華主菜，同時配上以青花椰、彩椒等不易發黃的配菜，強調原味的烹調方式，以外送平台市場高價位（260 元至 600 元新台幣）的姿態進入市場後，吸引了許多粉絲。目前已經開了四家沒有設置任何座位的集中式廚房。生活倉廚目前也開始設立線下門店，並且持續擴充線上的集中廚房與線下門店。兩家直營門店藉由外送平台（佔

▲ 1-1：從線上成功走向線下的生活倉廚，圖為位在台北市的微風店。

◀ 1-2：一份賣相、份量均優質的餐盒，即使偏高價位仍對外食族極具吸引力。

70% 業績）線上的廣告文案：「不想等到晚上，中午就想犒賞自己一餐好吃的」，一個月就能賣出一萬五千個高檔餐盒，生活倉廚完全是一個由線上走向線下的成功案例！

新零售的爭議、論戰與疑惑

對於自 2016 年快速興起的「新零售」營業模式，一直以來都有許多爭議性。有的老闆被「新零售」的論點徹底征服，聚集海量資本積極投入。有的老闆剛好相反，認為零售的本質沒有改變，「新零售」就是一些網路購物平台的花招。但是更多的老闆看著「新零售」的競爭撲面而來，網路上的報導、教學課程眾說紛紜，卻很難找到一個人說清楚到底什麼是「新零售」。

筆者親身參與了生鮮電商的「新零售」工作，實際為上千家超市引進線上線下一體化運作的模式之後，認為最簡單想要瞭解「新零售」的快速崛起方式，就是要瞭解「移動購物」的發展，並且實際體驗移動購物的優缺點，才能真正瞭解「新零售」的各種模式，進而找到企業在「新零售」革命性改變的時代如何選擇未來發展的策略。

在體驗移動購物的過程時，筆者建議不妨由外送餐飲平台，做為首次感受移動購物的測試與體驗。在本章，也將以外送餐飲平台與生鮮超市等「新零售」模式，做為說明「新零售」企業經營基本模式的主要案例。

新零售的基本概念

不論是崛起於台北市萬華區的生活倉廚，還是在中國大陸快速發展的美團外賣，都是餐飲行業在「新零售」經營模式之下的成功案例。

生活倉廚業績的快速增長令許多人眼前為之一亮，一間沒有座位的餐廳一個月能賣出上萬份高檔餐盒，對比部分知名的餐飲連鎖店價格，餐點價位大約在 550 元新台幣、美食份量充足，又能提供舒適場地的情況下，生活倉廚為何能以相對更低許多的投資，產生這麼快速的成長？美團外賣又是怎樣能在十年之內追趕 BAT（B：百度，A：阿里巴巴，T：騰訊）等大型電商集團龍頭企業，站穩中國大陸的「新一代電商三大企業 TMD（T：今日頭條，M：美團外賣，D：滴滴打車）」的呢？美團外賣（包含大眾點評）以 1,930 萬的「月活躍客戶數 (MAU: Monthly Active User)」，傲視第二名的「餓了嗎」的 1,357 萬（作者註：MAU 引用 Trustdata 2019 年 11 月數據），兩家公司合計月活躍客戶數高達 3,200 萬人次以上。

短短幾年之間，上面這些案例的企業不論是才初露頭角，還是已經成為業界龍頭，他們的業績、成長速度所展現的驚人數字，皆有目共睹，而成功的「新零售」模式已經沛然莫之能御，形成無法阻擋的趨勢與浪潮。食、衣、住、行是人生的四大基本需求，也是零售行業的主要範疇，單是藉由餐飲行業在「新零售」的巨大成功，就能窺見「新零售」時代已經來臨！更重要的是，「新零售」並非僅是一種流行，而是一次劃時代的革命性轉變！

「新零售」時代的致勝策略，正是本書要探究的主題。

新零售的演化過程

傳統電商興起威脅實體零售 「新零售」登上競爭舞台

「新零售」的源起，可追溯自《哈佛商業評論》(Harvard Business Review) 在 2011 年 11 月的一篇研究報告，內容中首次提出「全通路 (Omni-Channel)」這個新名詞。報導中提出全通路的時間點，剛好就在電子商務公司開始大幅增長之後。自從電子商務（以下簡稱「電商」）行業經歷 2000 年的泡沫化之後，2005 年起又重新由亞馬遜電商公司 (amazon.com) 業績快速增加點燃戰火。電商行業在全世界各地自 2010 年左右大幅度的跨越式增長以來，實體零售門店就受到越來越大的經營壓力。近幾年來，更是不斷地發生世界級實體連鎖店倒閉或大量關閉門店的情形。

例如：由於亞馬遜電商的崛起，美國的席爾斯百貨 (Sears) 等就發生了倒閉結果，而 JC Penny, Target 等公司也面臨大量門店被迫關閉的壓力。無獨有偶的，在中國大陸由於天貓、淘寶、京東等電商公司的崛起，2015 年也引發一波實體商店的倒閉潮。最終甚至波及著名的上海購物地標之一的太平洋百貨淮海店在 2016 年 12 月 31 日關門歇業、上海高島屋百貨也在 2019 年 8 月 25 日以閉店收場。著名的台灣鞋業公司達芙妮在中國大陸曾經於 2010 年達到經營最高峰（營業總收入 85.8 億港元），自 2012 年起門店數開始陸續下降，原來在中國大陸門店是數以千計的達芙妮鞋業，最後在這一波電商與「新零售」的浪潮之下，也自 2016 年起以每年約一千家門店的速度大量關閉門店。連全球零售霸主之一的沃爾瑪 (Wal-Mart) 與家樂福（Carrefour, 2019 年 6 月被蘇寧

集團收購 80% 股份），在中國大陸的門店數同樣在不斷減少當中。大潤發超市曾經在 2010 年成為中國大陸百貨超市營業額第一名，最終則是在 2017 年被阿里巴巴集團收購大部分股權，成為阿里集團在「新零售」經營版圖裡的線下資源之一。

這一波新一代的零售革命來得既快且猛，令人驚心動魄。不論在中國大陸或是美國，幾大傳統電商平台快速奪取傳統零售行業的市場陣地，甚至挾著傳統電商市場占有率擴充之際，也在同步開設線下門店，快速做出對於「新零售」行業的佈局。於此同時，阿里巴巴創辦人馬雲在 2016 年的雲棲大會，提出「新零售」這個名詞與觀點之後，2017 年 3 月阿里研究院更進一步地提出「新零售研究報告」，其中系統化的說明了阿里集團對於「新零售」的定義、思考框架與未來發展的看法。「新零售」一詞，就此成為多數從事零售行業者對於新一代零售革命的主要代名詞。

京東董事長劉強東在 2017 年 7 月提出「第四次零售革命」報告，並在報告中提出「無界零售」的觀念，同時京東與騰訊也聯合提出「京騰零售解決方案」等不同角度的看法。至此「新零售」的觀念被廣為推廣，基本底定了這一波零售革命的總體框架。

新零售的定義

零售行業三要素：人、貨、場

　　傳統的零售行業講究在線下賣場對於人、貨、場的規劃。傳統零售行業對於人的定義，就是指客戶，貨物指的是賣場內銷售的商品，而場地就是實體的賣場。傳統零售行業有一個先天的限制與壓力，就是必須要設法吸引客戶到賣場來採購，才能有成交生意的機會。因此，各類賣場都會設計各種促銷活動，以及吸引客戶的聯繫方式。在日常生活中最常見到的就是超市、百貨公司，發出給客戶的海報或宣傳折頁 (DM)。

　　由於傳統零售行業受到客戶需要親自到賣場採購的物理限制，因此對賣場的布置也就格外用心。以超市而言，不論是客戶逛超市的行走動線，商品品類的區分與管理，乃至於商品陳列貨架的管理等，都是傳統零售行業必須具備的管理重點。但是賣場高昂的經營成本，也帶來傳統零售賣場很大的成本壓力。而賣場服務的範圍，也受到附近交通路線與到達賣場方便性的影響，決定了賣場只能服務周邊僅僅幾公里半徑之內的客戶。而賣場開設地點的選擇三大標準，有所謂的：Location, Location, Location 的說法，以聚客力強的地點做為選擇賣場的最主要標準，正是傳統零售行業的特徵。同時，賣場的貨架所能陳列的商品數也是有限的，因此形成所謂的「上架費」，給所有品牌公司帶來了不少成本，也使得一些缺少足夠行銷資本的優質商品，在大型賣場的高額上架費競爭中敗下陣來，無緣與消費者見面。

　　長期以來，對於品牌公司而言，傳統零售行業的品牌投資與通路投資同等重要，但是即使是市場佔有率前幾名的知名品牌，在強勢的通路商面前，也很難不低頭，形成傳統零售行業「通路為王」的一代傳奇。

而通路為王的時代，則培養出一些世界級的超大通路賣場公司，例如：沃爾瑪、家樂福、萬客隆、好市多等。

「新零售」行業的人、貨、場

在「新零售」行業的新一代零售革命浪潮之中，不只突破通路為王時代的線下通路商霸權限制，更突破了傳統電商以虛擬電子商務平台為主的線上超強通路的限制。不論原來是電商的超大線上零售企業，或者原來是通路之王的線下零售企業，只要沒有趕上「新零售」企業轉型升級的零售企業都將面臨巨大的競爭壓力！因為在「新零售」的觀念中，提供給客戶的賣場既是線上通路（類似傳統電商），也包含線下賣場。由線上與線下兩大類多種通路組成的線上、線下一體化服務，來實現對所有客戶的銷售服務。

當然，「新零售」的經營模式，遠比線上賣場加線下賣場要複雜得多。因為在零售行業三大要素的「人、貨、場」的定義之中，每個要素都有全新的定義與觀念。

先來分析幾個主要提出「新零售」觀念的不同定義——

全通路零售：

「全通路零售」一詞最先出現在 2011 年的《哈佛商業評論》，在 12 月刊登的「購物的未來 (The Future of Shopping)」一文指出：「隨著形勢的演變，數位化零售正在迅速地脫胎換骨，我們有必要賦予它一個新名詞『全通路零售 (Omnichannel Retailing)』」。在這篇文章之中，對於全通路的描述，包含了「無數種」的通路類型（例如：購物網站、實體商店、雜貨舖、直郵 DM 與目錄、社交媒體、移動終端、遊戲終端、

▲ 1-3：盒馬鮮生的出貨人員正在針對線上訂單進行揀貨工作。

電視、聯網家電、O2O 到府服務等），以「無縫連接」的方式，融合為一個單一的全通路消費體驗呈現給消費者。在當時，這個相當具有前瞻性的觀念，歸納整理了大部分現在我們看到的「新零售」的概念。同時還提醒所有零售業者，如果不能快速進行全通路的數位化與經營型態的轉型升級，就很有可能被時代所淘汰。對照後來各國實體通路大量門店關閉，甚至部分公司已經倒閉的情況，確實是真知灼見！

新零售：

阿里巴巴集團創辦人馬雲在 2016 年提出「新零售」的概念，此後「新零售」成為這個新興行業的主要代名詞。馬雲指出「新零售」的關鍵，是重構「人、貨、場」的重要性順序。綜合馬雲與阿里研究院的論點來看，阿里巴巴集團認為「新零售」的第一個重點，是重構「人、貨、場」的重要性順序，因為「新零售」時代改變過去以貨物為優先思考的角度（貨、場、人），成為以客戶優先思考的角度（人、貨、場）。以消費

者的需求，做為引爆「新零售」行業創意的核心。

　　過去的重點順序是：貨、場、人，將「人」擺在最後，最優先的是「貨」，對傳統零售而言，如何找到對客戶有吸引力的貨物是擺在最前面的，因為貨物的種類繁多與品質優良，代表了「集客力」。其次是「場」，指的是賣場，也就是線下門店。排在最後的則是「人」（客戶）。因為傳統零售是以線下實體通路為主要的銷售場所，只有客戶進入到線下賣場，才能產生真正的銷售，所以任何賣場必須最優先關注每家門店集客力的強弱。雖然「場」（實體門店）的位置，也可以對來客數有明顯的影響，但是在相鄰近的賣場競爭狀況之下，還是得看商品種類與商品組合來贏得更多客戶進入賣場選購。

　　到了「新零售」的時代，零售三要素的順序跟傳統零售正好相反，「人」的排序從最後變成最優先考慮的因素。「新零售」企業是根據「人」（客戶）所想要的產品去設計客戶體驗的過程，去找到哪些貨物符合客戶需要，去安排做好服務以便在不同的場景都能滿足客戶需求。也就是說，「新零售」的時代就是「客戶為王」的時代真正來臨了！

　　由於現在有許多社交媒體可以讓「新零售」企業做為直接與消費者溝通的橋樑，例如：微信 (WeChat) 有超過 10 億個月活躍客戶數、臉書 (Facebook) 則涵蓋全世界擁有超過幾十億用戶等。使用這些新型的社交媒體進行廣告、促銷，成本低且能直接接觸到單一個客戶。因此，「新零售」企業的另外一個特色，就是可以真正實現對於小眾客戶提供貼心服務，利用社交媒體去觸達特定的小眾消費群體。在傳統零售時代，這些小眾群體原來並不會被大公司的行銷部門，或者是銷售部門所特別關注，但是在「新零售」的時代，他們可以各自收到與大眾消費客群幾乎相等重視的關注。例如：有一款無糖口味茶飲的小眾客戶群體，這個客戶群體的人數在市場上，相對於有糖口味的茶飲消費者人數要少很多。

過去，大量消費群眾所喜歡的口味，才會成為公司關注的焦點，但是在未來小眾群體所喜歡的口味，也會成為公司相同重視的產品。因為透過全通路的「新零售」的行銷思路，以及大數據的加持和人工智慧 (AI: Artificial Intelligence) 系統的幫助，小眾的消費者也可以受到充分的重視、體貼客戶服務的對待。所以在「客戶為王」的時代，連小眾客戶也會受到比過去更多的重視。

再者，無糖茶飲雖然是屬於小眾客戶的產品，而在「客戶為王」的時代，「新零售」企業就會主動分析特定的小眾客戶分布的地區、購買無糖茶飲的消費者的行為、頻率與數量。生產茶飲的公司可以很容易的在面對數以萬計的小眾市場區隔數據分析的情況下，利用高等算法、客戶訂單的大數據分析、數位化供應鏈等新技術，快速地完成供應鏈預估、生產、分銷、接單，並設計出更有效率、更低成本的供貨模式，把產品用更快速、更低成本的方式，配送給想要買到的消費者手上。因此，原來不受到重視的小眾口味無糖茶飲，很可能成為公司利潤的新來源！

阿里研究院對於「新零售」定義報告的第二個重點，就是「新零售」的未來各行業類型存在於供應鏈的每個環節。阿里研究院在定義「新零售」的業態與經營方式的時候，採用了全供應鏈的角度來分析，提出在全供應鏈上各種角色的公司，在未來的「新零售」革命中可以考慮升級轉型的定位。例如：「新零售服務商」就包含供應鏈上幾個大類型的服務——「新生產服務」、「新金融服務」、「新供應鏈綜合服務」、「新門店經營服務」等四大類型。

阿里研究院對於「新零售」定義報告的第三個重點，綜合來說就是高度運用數位化科技，來滿足個人客戶的訂製化需求。這個需求不僅只是商品的提供，還有「內容」的提供。這裡的「內容」包含：社交體驗、參與感、文化認同、價值認同。

無界零售：

相對於阿里巴巴的馬雲提出「新零售」的概念，京東董事長劉強東提出了「無界零售」。根據劉強東在《財訊》的演講所提出的無界零售，包含人、貨、場三大「無界」基本概念：場景無限、貨物無邊、人企無間。劉強東的無界零售，主要還是強調善用數位化科技，能提供客戶更快更好的各種場景下的「新零售」服務。

綜合以上幾種對於「新零售」的定義，可以做出一個綜合比較如下表。

名詞	全通路零售	新零售	無界零售
英文	Omnichannei Retailing	New Retailing	Boundless Retailing
首次發表	哈佛商業評論─購物的未來	公開演講	公開演講
年份	2011 年	2016 年	2016 年
公司	貝恩全球創新和零售	阿里巴巴集團	京東集團
發表人	達雷爾・里格比	馬雲	劉強東
主要觀點	「無數種」的通路類型，以「無縫連接」的方式融合為一個單一的「全通路」消費體驗呈現給消費者。	重構人貨場，以「人、貨、場」順序取代「貨、場、人」。無時無刻始終為消費者提供超出期望的「內容」。高度運用數位化科技，來滿足個人客戶的訂製化需求。	「無界零售」包含了人、貨、場三大「無界」：場景無限、貨物無邊、人企無間。
對未來影響的看法	・充分融合實體門店與虛擬數位化購物。 ・企業應該盡早、盡量廣泛地去測試與學習「全通路零售」數位化與實體結合的營業模式。 ・任用一群各有所長的菁英擔任創新專案小組，最高階小心平衡專案的成本風險與營業利益。	未來的「新零售服務商」包含了供應鏈上幾個大類型的服務：「新生產服務」、「新金融服務」、「新供應鏈綜合服務」、「新門店經營服務」等四大類型。	「無界零售」的未來應該是：「場景聯通」、「數據貫通」、「價值互通」。

▲ 1-4：關於「新零售」定義的綜合比較。

由傳統零售的「通路為王」 到「新零售」的「客戶為王」的大跨越

由於具備基本上百分之百實體賣場為主要銷售通路的特性，傳統零售在佔領通路的高地之後，通路商可以藉著優越的賣場位置、通路商品牌力的聚客能力，來跟品牌商進行具有高度議價能力的談判，使得品牌商需要付出更大的利潤空間來爭取線下賣場內有限的貨架位置，所以「通路為王」的時代因此形成，而且宰制了傳統零售行業數十年的時間。在這個「通路為王」的時代，最明顯的現象，就是強勢的通路品牌業者可以向商品的品牌業者收取各種通路費用，相信許多品牌業者至今仍然為了爭取在優良的銷售通路上架銷售新商品的機會，不斷投資更多的通路費用。即使在傳統電商通路出現以後，這個現象仍然沒有太大的改變，大型的電商通路仍然控制著主要的客戶群上網購物的流量，並藉此向品牌商收取各種通路與廣告費用。然而，這樣巨大的「通路為王」的優勢，卻因為「新零售」的各種業態陸續出現，正在快速的瓦解與轉變之中。

到了「新零售」的時代之後，零售三要素的優先順序轉變為人、貨、場。「人」成為「新零售」企業關注的最優先對象，因為只有把「人」（客戶）服務好，不斷提供客戶最佳購物體驗，才能使得「新零售」企業的訂單量與平均訂單金額得到更大的提升。在這個「新零售」的優先順序之下，「貨」的優先序下降到第二，在「新零售」時代採用大量的大數據分析技術，決定哪些商品適合哪個門店周邊客戶的需要，最終可以根據大數據分析，決定出每個門店大同小異的販售商品總清單，形成所謂的「千店千面」，也就是每個門店即使貨架空間相等，所陳列的商品清單與每個商品的安全庫存量也各自不同。以此一角度來看，「新零售」企業費心地採用大數據分析來形成千店千面，還同時必須要增加整個供應鏈與物流中心管理的複雜度，為的就是能夠更好的服務每個線下賣場

周邊不同的客戶組成，各自能被千店千面的商品組合達成最好的零售採購體驗，因此我們可以說客戶在「新零售」時代確實是被放在最優先的順序！

因為不論「貨」還是「場」的任何創意，都是為了滿足客戶無時無刻的各種購買需求而設計的。當然「新零售」的「場」也提出了非常高的理想：幾乎必須在任何時刻都能滿足客戶的購物需求，或者說最低程度是超越客戶在傳統零售時代所能得到的服務。例如：有的客戶可能晚上想吃宵夜，現在可以輕鬆在網路下單，外賣小哥就會送宵夜上門，這樣的服務在傳統零售時代基本上是不存在的。同時，「新零售」時代的「場」，還強調多個通路的無縫連接，也就是每個不同通路給消費者帶來的購物體驗與優惠承諾應該是一致的。這個部分在傳統零售時代完全不需要考慮，但這個標準也是「新零售」企業最大的挑戰之一！關於如何設計與保障多個通路對客戶承諾與服務均能一致，且能無縫連接以達成更好的客戶體驗與服務的議題，本書將在第六章與第八章「新零售的客戶體驗管理」詳細敘述。

為了說明上述過程中零售三要素的轉變，筆者列舉了傳統零售與「新零售」在零售行業三要素的對照表 1-5。總體而言，為了在數位化的時代產生更高的零售行業競爭力以便吸引更多的客戶訂單，「客戶為王」的概念不僅被提出來，還需要徹底落實才能真正發揮「新零售」的效果。零售三要素在「新零售」時代都要進行徹底的改變與提升，目標只有一個，就是讓客戶享受到更快更好的零售服務，藉此來提升「新零售」企業的總體競爭力與業績。

因此，「新零售」可說是基於數位化通路成熟，與實體通路競爭白熱化的各種新技術所自然發生的產物。在「新零售」時代，不僅僅是利用數位化新技術提供多種線上零售服務，進而突破線下賣場有固定位置、

固定服務時間的種種限制，更需要利用創意開發新的服務體驗，使得客戶能在多個產品的品類都能享受到更好的全通路完全整合之後無縫連接的「新零售」服務，客戶們更進一步的還可以不受時間、空間限制，下單購買並快速享有獲得商品或服務的全新體驗。

無論如何，「新零售」已經進入了我們的生活，並且快速的在佔有市場。有關「新零售」的多種通路如何整合為全通路零售？線上、線下的零售如何做好一體化經營？如何真正提升客戶體驗？如何真正做好「新零售」提升線上＋線下總體業績？種種議題引起熱烈討論並提出了各種意見，也有眾多的「新零售」新創企業吸引了巨量的投資。但是對於多數人來說，「新零售」經營模式仍然是不容易理解的一個複雜問題。

零售三要素	人	貨	場
傳統零售定義	人＝客戶	貨＝「貨物」，種類就是集客力。	場＝「通路為王」時代，掌握通路就更容易贏得市場。
特徵：「通路為王」的時代	「通路為王」的時代，客戶是被銷售的對象，客戶必須實際到達線下賣場的門店才能進行採購。	「貨物」被認為是集客力的主要來源之一，賣場商品選擇與商品種類數量至關重要。	「通路為王」的時代，通路優勢甚至超越擁有更多「貨物種類」，因為客戶需要親自到賣場採購，位置方便的通路佔有最大優勢，其次才是商品的種類是否齊全。
「新零售」定義	人＝「客戶為王」時代，客戶躍居最優先的「新零售」要素。	貨＝「貨物」，經由大數據篩選，達成「千店千面」的結果。	場＝需要提供「全通路」線上線下一體化的零售服務。
特徵：「客戶為王」的時代	「客戶為王」的時代，客戶的需要被放在「新零售」企業最高優先位置。	為了能更好地服務客戶，「新零售」採用大數據分析進行「千店千面」的商品組合，以便使銷售的商品更加符合每一個線下門店附近客戶的需求。	「新零售」時代，利用數位化技術提供多種線上零售服務，突破線下賣場有固定位置、固定服務時間的種種限制，使得客戶能享受到更好的全通路完全整合之後無縫連接的「新零售」服務，可以不受時間空間限制下單購買，並快速享有獲得商品或服務的全新體驗。

▲ 1-5：零售三要素的新舊定義對照。

從零售三要素的新舊對照，我們將一路抽絲剝繭的分析與闡明「新零售」的全貌，與升級轉型到「新零售」企業的策略規劃框架。

「新零售」的核心概念

綜合阿里巴巴集團、京東集團等不同公司對於「新零售」的定義，以及筆者整理的「傳統零售」與「新零售」三要素的比較，可以歸納出幾個「新零售」核心的觀念：

第一，「新零售」是to C端（C端，指「個人消費者」）的零售。過去以賣場與商品為核心的零售行業在新一代的零售革命中發生了徹底的變化，新一代的零售是以消費者（人）為核心。因為多數商品的供應基於製造與供應鏈技術發達、資訊充分流通、加上物流無遠弗屆的能力，可以說通路為王的時代已經逐漸過去了，而通路能夠提供給消費者的主要價值不再侷限於商品的陳列，消費者要的是更好的購物體驗！消費者在新一代零售革命的衝擊之下，站到了零售行業最重要的位置。因此，沒有直接接觸「個人消費者」的零售，不能算是真正的「新零售」。只有與消費者個人能形成接觸、紀錄、互動、提供不斷升級的貼心消費體驗的零售，才是真正的「新零售」。

第二，「新零售」是「無界」的創新。「新零售」一詞固然是由阿里集團馬雲提出的，但是京東所提出的「無界」觀念，在新一代零售三要素的人、貨、場創新思路之中也非常有意義。例如：商品由於不再受到賣場有限的貨架空間的限制，上架的商品具有無限擴充的可能性（商品種類的無界），使得消費者有更多的選擇。每個賣場（不論線上、線下）面對消費者的商品組合可以有「大同」（大多數消費者喜歡的品牌、品項都能具備），加上「大異」（少部分當地消費者喜歡的商品，因地制

宜的陳列在賣場之中供選擇），形成所謂的千店千面（每個線下門店商品組合的無界），透過人工智慧的分析使得不同賣場有不同的商品組合，以符合該賣場特定商圈消費習慣為準。

又例如：客戶的「無界」，過去商品的選擇都是以大多數消費者購買的紀錄為準，小量購買的商品不會被重視，很可能被下架，因此許多消費者都有一些心愛的商品再也買不到的經驗。這並不是消費者的問題，而是在過去傳統零售行業之中，無法針對小眾客戶的喜好去進行分析，同時小眾客戶的喜好也沒有被放在零售三要素的首位，所以許多品牌商的考慮優先順序，就是好賣的商品多生產一些數量，賣得少的商品隨時考慮停產。在「新零售」的時代，許多小眾客戶的需求將會被重視，而只有大規模生產線能力的品牌，也將會面臨無法充分服務好小眾客戶可能被淘汰的壓力。

第三，「新零售」是基於高度數位化的經營模式。線下的傳統零售之所以能打破物理限制進行無界的「新零售」，主要是依靠高度數位化的經營模式，《哈佛商業評論》的「全通路零售」一文提出，無數的新通路都是基於數位化的經營模式。所以傳統零售想要轉型發展「新零售」，必須先要考慮到企業如何能夠以高度數位化的模式來經營。數位化經營的模式必須是貫穿整個「新零售」全公司的，而且是創造新的價值的，如果數位化的經營模式沒有創造價值，那就不是一個可持續的經營模式，就會陷入徒有高度數位化模式，卻無法透過創造價值而獲利的陷阱。高度數位化如何創造「新零售」的價值？高度數位化是否就能保證創造更多的價值？要回答這些問題並非三言兩語可以說明，在第二章的案例之中，將進行更詳細的探討。

新零售的發展趨勢

　　人、貨、場三要素，在阿里巴巴集團、京東集團等許多不同公司給出「新零售」時代的定義後，已經歷過三年以上的市場檢驗，可以說「新零售」革命還在持續進化的過程當中，但是隨著許多「新零售」行業創新企業前仆後繼的過程，也可以歸納出一些「新零售」未來發展的趨勢：

1. 客戶體驗為王，小眾客戶更受重視

　　以個人客戶為主體的經營模式正式確立，雖然目前許多公司仍然集中精力在做個人客戶消費行為與消費紀錄的大數據，還沒有做到真正關懷客戶的顯性與隱性需求，但是個人客戶的地位在「新零售」行業之中已經被確立，個人客戶消費數據追蹤與分析的重要性已經無庸置疑。未來「新零售」行業的挑戰，在於如何做好對個人客戶各種需求的更高層次的滿足。

2. 供應鏈複雜度大增，大量化的生產模式受到挑戰

　　由於個人客戶的地位大幅度提升之後，商品的個性化、訂製化被提升至檯面上，成為主要議題之一。對於同一家公司而言，很可能為了服務好消費者不同的需求，需要增加商品的種類。最明顯的就是訂製化的行業，例如：西裝、襯衫的訂製，可以說訂單數量就是商品種類的數量，訂單數越多，商品的數量就越多。又例如：許多品牌的汽車接受客戶訂製烤漆的顏色、皮椅的顏色與材質、方向盤的顏色與材質等，即使汽車型號相同，可是配備會有多種選項，導致出廠的每輛車都有所差異。當商品的數量大增，會使得供應鏈管理的複雜度隨之提高，已經成為未來「新零售」供應鏈的必然趨勢。這個趨勢的發展，勢必會引起「新零售」行業未來供應鏈的結構性改變！

3. 數位化能力大量加持行銷創意,供應鏈(生產模式、物流能力等) 成為主要限制要素

在數位化能力大幅度提升之後,許多促銷活動、行銷模式,可以很容易在短時間內透過系統進行調整改變。在「新零售」行業大型促銷期間,經常會有「秒殺」商品等超短期間(有效時間可能僅幾分鐘至幾十分鐘)的促銷活動,藉此來吸引上線購買的瀏覽人數。也會有全新的定價方式與價格調整方式,可以跟消費者產生互動。例如:電子價格標籤在線下賣場的使用,既可以產生零售商總部對於所有連鎖線下賣場的價格與變價一體化控制能力,又可以隨時根據不同線下門店的銷售情況,進行特定商品的價格即時調整。這些案例的即時性非常高,在過去傳統零售的限制下很難即時調整執行,但是現在對「新零售」行業來說,在

▲ 1-6:線下賣場採用電子價格標籤,實現了讓特定商品價格因應銷售情況,進行即時調整的可能。

高度數位化能力的支持下很容易就能實現。在「新零售」的高度數位化
支持下，唯一不能快速改變的就是製造流程與整個供應鏈的結構，因此
「新零售」企業的發展需要做好全面數位化供應鏈基礎建設（供應鏈計
畫、供應鏈大量客製化生產、大量客製化接單流程與系統設計等），才
能在「新零售」的競爭舞台上無往不利！

阿里研究院「新零售」報告

根據阿里巴巴集團阿里研究院所發布的「新零售」報告，「新零售」的定義是以消費者為體驗中心的數據驅動的泛零售型態，具有以下三大特徵：

1. 以心為本：掌握資料就是掌握消費者需求；
2. 零售二重性：二維思考下的理想零售；
3. 零售物種大爆發：孵化多元零售新形型態與新物種。

【重構人貨場】：從「貨　場　人」到「人‧貨‧場」。

【零售的本質】：無時無刻地始終為消費者提供超出期望的「內容」。

區別於以往任何一次零售變革，「新零售」將通過資料與商業邏輯的深度結合，真正實現消費方式逆向牽引生產變革。它將為傳統零售業態插上資料的翅膀，優化資產配置，孵化新型零售物種，重塑價值鏈，創造高效企業，引領消費升級，催生新型服務商並形成零售新生態，是中國大陸零售大發展的新契機。

以上引用自：「C 時代 新零售——阿里研究院新零售研究報告，阿里研究院 2017.3」。

京東「無界零售」演講摘要

京東董事長劉強東對於「無界零售」演講的人、貨、場之三大「無界」定義內容，亦摘要如下：

場景無限：還意味著消除時間的邊界，未來的零售場景是無時不有、無縫切換的。場景無限，代表了一種去中心化的趨勢。

貨物無邊：是指消除產品的固定邊界，未來的產品會從單一走到商品＋服務＋資料＋內容的組合。例如：在「京東到家」與沃爾瑪的合作中，通過打通庫存和SKU資料，可以不僅販售自己的貨，而是連同沃爾瑪的貨一起賣。擁有貨變得不那麼重要，通過就近發貨，整個供應鏈的效率得以大大提升。

人企無間：代表的是生產與消費之間不再有涇渭分明的角色和利益區隔，從而拉近距離，形成更有溫度、彼此信任的關係。

「行有界」的三條主線貫通聯結：

場景聯通：第一種方法是「無縫切換」，通過地理位置定位、消息推送、二維碼、拍照、人臉識別等，建立不同場景（例：實體與虛擬場景、移動與固定場景）之間的衛接。第二種方法是「功能互動」，像是「線上下單、線下取貨」。第三種方法是「共同烙印」，例如：不同的終端都採用相似的設計、連接同樣的內容、同一個虛擬助手等，給消費者帶來熟悉感和親近感。

數據貫通：是指通過對場景資料的積累和解讀，能夠逐漸實現「知人、知貨、知場」──瞭解每一個人的偏好、瞭解每一件商品的特點、瞭解不同場景的屬性，從而進行精準的匹配。

價值互通：是將不同場景下的用戶關係和資產進行融合。例如：通過會員體系的整合，使用戶在不同場景下享受到相似的地位和權益。

第2章

數位化時代的新零售革命

帶著全家去提車

2011 年 9 月，筆者和政大 EMBA 的同學參加首次境外教學，到德國奧迪汽車總部與最大工廠所在地 Ingolstadt，親眼見證了高度震撼的客戶體驗。

在巨大的奧迪工廠車間裡，首先給大家感受最特別的是整個車間廠房非常乾淨，整個車間與走道地面採用的都是食品工廠等級的環氧樹脂地板，每一寸地面都乾淨的如同鏡面般閃閃發光。整個工廠裡面充滿了 2,000 多個機器人手臂執行大部分的焊接與組裝工作，工人只有幾百名。當筆者注視著生產線一端，數以千計以各種角度不斷飛速翻騰的機器人手臂時，感覺自己好像到了變形金剛的基地。

生產線上的每一輛車都是訂製化生產的，沒有任何重複，不僅車型不同，烤漆顏色都是訂製的，連座椅材質、顏色，方向盤、儀表板顏色、材質等都在可訂製的選項之中。除了機器人自動生產的工作站以外，每

▲ 2-1：奧迪總部、博物館與附近的工廠，每年接待 40 萬以上遊客參觀並有超過 73,000 人來提車。引用自：TestDriven https://www.youtube.com/watch?v=LAwRbO37K80。

▲ 2-2：奧迪工廠內的專屬自動化無人搬運車與乾淨亮麗的環氧樹脂地板。引用自：TestDriven https://www.youtube.com/watch?v-LAwRbO37K80。

一個有工人的工作站都是設計用來負責不適合採用機器人手臂安裝的汽車零部件，例如：儀表板的安裝。所有的原材料供應到每個工作站，都採用自動倉庫直接供應每一輛訂製化汽車的特定零部件，絕不能有錯。在儀表板的安裝工作站，我們看到自動倉庫採用水平懸臂式的懸吊滑車來供貨，這樣的結構顯然經過精心設計，剛好符合儀表板呈水平的特徵，同時也完全不妨礙安裝工人的作業，工作站的區域懸吊的特殊設計，又能由工人輕鬆地拉動後，將整個儀表板巧妙的嵌合到汽車內部，然後快速進行安裝。由於每輛車都是訂製化生產，每次自動倉庫送過來的儀表板都是不同車型、不同顏色的規格。但是工人不需要對任何工單進行仔細辨識，只需要瞭解不同型號的儀表板怎樣安裝即可。

車輛半成品在流水線的搬運，也是採用自動化無人搬運車 (AGV: Automatic Guided Vehicle)，這些無人搬運車的尺寸與結構是奧迪汽車專門研發訂製的，完全適合奧迪汽車生產線的要求。在某些工作站無人搬運車還可以有液壓裝置把車輛翻轉至一定角度，以便工人可以輕鬆地安裝底盤的零件。

▲ 2-3：「批量=1」奧迪 Ingolstadt 的大量訂製化生產線出廠的每一輛車都是量身訂製的（作者註：顏色、車型、輪圈等各自不同）！引用自：MotorWard https://www.youtube.com/watch?v=MXDgf6fIAnQ&t=2s。

安裝完成之後，車輛送上模擬行駛的工作站（相當於汽車專用的跑步機），經過一連串自動化的駕駛測試以後，就可以交給等待的客戶直接開走。簡直是太震撼了！

走出生產線車間後，我們看到提供客戶歸還借用娃娃車的空間，由於該廠車間允許客戶帶著全家來觀看自己訂購的汽車組裝後，直接開回家，因此提供娃娃車免費租用服務，令所有人都驚嘆不已。在高度注重工業安全的歐洲，可以想見為了能讓客戶進入生產線參觀後並提車，在客戶參觀動線的高度安全標準上，需要花多少的心力去做好設計！時至今日，奧迪汽車總部的工廠更是每年迎來 73,000 多人次的參觀與提車。

奧迪汽車這個作法，在 2011 年時應該是世界首創。同一次旅程，我們也參觀了 BMW 汽車的 4.4 工廠，當時 BMW 還是採用批量生產。2013 年德國漢諾威展發表了著名的「工業 4.0」與「物流 4.0」標準。在 2013 年回想 2011 年參觀奧迪汽車工廠難忘的經驗，才發現：原來德國是先實現了工業 4.0 的生產標準，才開始著手歸納整理工業 4.0 的標準化。

從奧迪汽車訂製化生產同時可以接受個人提車的案例，可以發現其中幾個特徵都與本書對於「新零售」定義標準相符。首先，當時的奧迪

汽車在德國就提供百分之百訂製化的銷售服務，這是完全針對客戶個人服務。其次，整個參觀工廠車間組裝自己所訂購車輛的提車經驗，就是一次最好的客戶體驗與宣傳。仔細思考以後就能發現：奧迪德國工廠所有的設計細節，都是以「接受客戶全家參觀然後直接提車」為目標，而設計的參觀動線、功能區域、整體流程。這個作法即使在今天，也沒有幾家汽車工廠能做到。

查看奧迪汽車的官方網站，對於個人化訂製奧迪汽車的方式，也有相關的詳細配套說明，客戶可以透過經銷商來諮詢如何訂製自己想要的奧迪汽車，德國的客戶可以親自前往奧迪設在內卡爾蘇爾姆鎮的個人化訂製工作室，直接感受到每一種材質、烤漆顏色的質感，並且透過「個人訂製化軟體系統」，觀看訂製後的奧迪汽車內飾與外觀。對於想要以電子郵件約定時間，或是希望由奧迪主動回覆電話的需求，網站內都設有明確的入口公告。對於不同國家的客戶，奧迪官網另設有不同語言與經銷商服務配套的解說。

其次，奧迪汽車採用物流 4.0 全自動供應零部件給生產線，是大量訂製化 (Mass Customization) 的必備標準，因為每一張訂單都不同，所以零部件的揀貨與供應到工作站，不單純只是要求按順序揀貨（Pick by Sequence，作者註：汽車裝配廠的入廠物流常用揀貨標準），而是必須要求每天每個工作站的所有零部件供貨的錯誤率必須為零，否則可能會因為配件安裝不正確帶給客戶完全不滿意的體驗。

最後一點就是供應鏈管理複雜度大增，在工業 4.0 的作業標準要求下，接受訂製的部分會有無數種可能，且製造流程也必須具有超高度的彈性設計，才能達成「批量 =1」的高難度需求。參觀過程之中，我們在一面展示數百種以上的烤漆色卡牆面前駐足許久、非常讚嘆，因為顏色實在太多了，而且這些烤漆顏色又多又美，上百種選項之中最少有二分

▲ 2-4：為了讓客戶徹底感受如何選擇並訂製自己想要的汽車，奧迪在德國內卡爾蘇爾姆鎮設立了個人化訂製工作室。關於奧迪汽車的內裝外觀可選配置，可以透過官網介紹影片瞭解：https://www.audi.com/en/experience-audi/models-and-technology/audi-exclusive.html。（照片引用自奧迪汽車官網）

之一都是特殊色！如果連車身烤漆顏色都有這麼多選項，可以想見其他的可選配備還有更多選擇。這樣的原材料複雜程度，與對於入廠物流的品質要求非常嚴苛，以揀貨錯誤率而言，需要把目標設定在幾乎零錯誤率的 10 PPM 這個數量級，如果工業 4.0 的工廠沒有符合物流 4.0 的零部件倉庫全自動化作業流程，每天不知道會發生多少錯誤，而補救錯誤的流程又會浪費多少效率。更別提萬一錯誤沒有被工廠檢查出來，而是被客戶發現的話，客戶會有多麼不滿意！所以可以說，不論是工業 4.0 還是物流 4.0，都是建立在高度數位化的管理與生產流程之上才有可能實現。在工業 4.0 的大量訂製化模式之下，整個供應鏈除了壞品以外，基本上是沒有任何無效庫存的。相較於傳統的批量預估生產模式，不論是零部件還是成品都能大幅度的降低庫存天數，因此能降低庫存資金成本。

Daniel Wellington 手錶
100% 不融資，個人創業行銷 200 國

　　也許有讀者會認為，奧迪的案例是基於汽車售價較高、利潤空間較大，才能提供這些為個人客戶量身訂做的服務。同時，奧迪汽車擁有許多專利，因此可以維持較高的利潤率。對於沒有特別專利技術的品牌，如何建立形象？如何說服客戶買單？我們來看另外一個世界知名的案例——Daniel Wellington 手錶。

　　相信許多人都在百貨公司的手錶部門見過這個新創手錶品牌 Daniel Wellington，它的品牌定位是時尚手錶，價位大約在 4,500 元至 6,500 元新台幣左右，比起一線知名品牌的石英錶價位雖然較低，卻是一個競爭非常激烈的區隔。時尚手錶的超級大品牌，當屬瑞士斯沃琪(SWATCH)集團首創的 SWATCH 手錶，其次更有眾多的時尚手錶品牌，與一些完全沒有名氣的高仿手錶在市面上流通。在這樣高度廝殺、完全競爭的市

▲ 2-5：DW 的 IG 中，高度強調手錶金屬質感的照片。引用自 DW 手錶 IG 官方帳號。

場區隔裡，Daniel Wellington 手錶憑藉著精準的定位，以僅僅 30,000 元美金的投資開始進行品牌行銷，竟然能自 2011 年起開始異軍突起，在重重對手環繞的市場中，過去幾年都達成將近五十倍的銷售成長（2.28 億元美金），成為線上線下都有不錯業績的國際性品牌。這是由一個瑞典小夥子 Filip Tysander 創立的時尚手錶品牌，單純以功能來説，就是簡單的防水石英錶，但是以時尚定位而言，它的產品設計重點卻切中了 SWATCH 手錶塑膠錶殼這個較為弱勢的區塊：DW 手錶採用金屬錶殼在質感上超越 SWATCH 的塑膠錶殼，DW 手錶的輕奢質感、多種錶帶材質可以因應各種場合更換，不用花更多錢多買幾 支錶，就能達成正式、休閒的多種用途佩戴目的。

Daniel Wellington 的品牌故事，強調源自於創辦人在一次旅遊中，偶遇英國紳士戴著簡約設計的老錶：金屬錶盤、尼龍帶設計、簡約的圓形手錶，剛好與 SWATCH 顏色多彩亮麗、錶面款式眾多、搭配衣服就要更換的強烈時尚特色恰恰形成互補。SWATCH 手錶的錶殼以塑膠為主，相較於 Daniel Wellington 的金屬錶殼，Daniel Wellington 手錶更能滿足一些年輕族群對於名牌手錶的追求情懷，畢竟真正名牌的石英錶價格是 Daniel Wellington 的好幾倍。對於預算有限又希望追求簡約時尚的年輕人來説，Daniel Wellington 所選擇的市場區隔正中下懷。一支 Daniel Wellington 手錶，可輕鬆更換不同風格的錶帶來適應不同變化的需求，不需要因為穿正式服裝或休閒服裝而購買好幾支手錶來搭配，正是生活與消費預算簡約一族的最佳選擇。Daniel Wellington 手錶如此精準的定位，打動許多年輕人，在有限的預算之下，如何送給心愛的人或自己一支大方耐用、簡潔亮麗、質感高級的手錶？ Daniel Wellington 顯然是一個很好的選項。仔細分析 Daniel Wellington 錶盤的款式，變化很少，顏色非黑即白（黑色、白色都是中性色系，配衣服百搭），強調只生產圓形的手錶又給 Daniel Wellington 品牌帶來古典錶款簡潔美好的形

▲ 2-6：DW 在 IG 上分享的「本週前五名」照片。引用自 DW 手錶 IG 官方帳號。

象，像是世界頂級機械錶品牌 Blancpain 就是強調永遠都只生產圓形手錶。

　　Daniel Wellington 上市之後，由於資本投入非常有限，很有策略地選擇先以線上模式進行推廣。剛好又逢 Instagram 時尚分享的社交軟體大受歡迎，因此 Daniel Wellington 就藉著小牌網紅在 IG 發出佩戴 Daniel Wellington 手錶的歡聚場合照片分享，藉此營造 Daniel Wellington 手錶知性、簡約、年輕、歡樂的形象。由此可見，Daniel Wellington 這個品牌的塑造，不單只是賣手錶，真正主要賣的是年輕人的流行生活型態。當然，自線上發家的 Daniel Wellington 在網站設計、網頁的照片運用、社交媒體的造勢，與線上銷售結帳（針對不同國家結帳習慣有完全不同的設計）等細節都有許多值得參考之處，有興趣的讀者不妨上網瀏覽 Daniel Wellington 的官網。

Daniel Wellington 手錶採用日本製的機芯，錶帶、錶盤及包裝盒等配件，都是官方提供設計，由位在深圳的代工廠製作，石英錶日常防水30 米，錶盤金屬材質部分有兩種顏色：玫瑰金和銀色，錶面顏色則以黑色與白色兩種為準。錶帶有金屬、皮革和尼龍材質三種，款式較為多樣化，尤其尼龍錶帶提供多種顏色與花樣的選擇，錶帶都是用英國城市命名，使得客戶在購買的過程中，持續保有品牌故事主角是英國紳士 Mr. Daniel Wellington 的感覺。

Daniel Wellington 手錶的行銷模式，表面上看起來就是線上網站銷售與線下百貨公司專櫃的結合，然而一個全新的品牌在激烈競爭當中能脫穎而出、殺出重圍，而且是在沒有大量廣告費用的支持下打造了全新的品牌，不得不説 Daniel Wellington 的創辦人 Filip Tysander 真的是行銷高手！在品牌定位、媒體運用、投資報酬率（完全沒有融資、毛利率高達 50%）上都是經典級的案例。

Daniel Wellington 手錶成功打入年輕人的時尚圈之後，也開始經營手環等以腕上佩戴為主的飾品，仍然緊緊守住以手錶為核心的品牌價值。同時，Daniel Wellington 對於消費場景的創造不遺餘力，在情人對錶、男女朋友互贈禮物、給自己的生日禮物等各種浪漫兼具知性的場景上，打造了與品牌形象完全一致的黑色簡約風格禮盒。可見「新零售」的經營模式，只是一個行銷與供應鏈的框架，線上的各種數位化能力也只是技術的活用。唯有給消費者能帶來美好的生活體驗，才是真正的品牌價值創造。

從生鮮電商到居家裝飾
阿里集團不斷加碼新零售

　　馬雲提出「新零售」概念之後，阿里集團推出一系列對於「新零售」行業的投資，包含 2016 年投資侯毅帶領的盒馬鮮生 1.5 億元美金、2017 年投資收購大潤發的控股公司高鑫零售的一部分股權。2018 年投資 54.53 億元人民幣收購居然之家持股 15% 等，2019 年 5 月底阿里又投資 49.6 億元人民幣取得紅星美凱龍家居 10% 的股份，使得阿里集團不僅在生鮮電商領域大幅度且持續地投資盒馬鮮生，且更進一步的進軍到家居行業，而且連續投資兩家超大的家居行業——居然之家、紅星美凱龍。可見發布「新零售」報告的阿里集團，確實真正在對「新零售」行業不斷加碼。

▲ 2-7：盒馬鮮生的線下門市設置了現場烹調的用餐區，同時引進餐飲店中店。

盒馬鮮生引領生鮮電商大戰

　　自 2016 年至今短短幾年之間，在生鮮電商的全新領域之中，其他的電商與超市集團也不甘示弱。市場上除了阿里投資的盒馬鮮生，還有京東的 7FRESH、騰訊投資的永輝超市旗下的超級物種、每日優鮮等，線上線下同步經營的生鮮電商「新零售」賣場積極的在拓展門店中。原來已經在經營超市的主要集團，也紛紛投入這場生鮮零售大戰，不論是沃爾瑪與京東到家合作的線上 APP、家樂福與美團合作的生鮮一小時送到家，還是永輝集團投資的超級物種（超級物種虧損導致分家改為永輝雲商控股），在過去幾年投入對於生鮮電商市場區隔的努力，都沒有產生令人振奮的明顯獲利消息。

　　沃爾瑪自 2016 年起，在中國大陸市場持續以每年均達到二位數的進度，關閉原有的四百多家門店，到 2019 年 7 月底之前，沃爾瑪在中國大陸已經累計關店 14 家。家樂福中國曾經做出成立電商部門，以便涉足生鮮電商送貨到家服務的努力，最後一哩的配送是與美團合作，但是沒能逆轉家樂福中國區業績下降的趨勢，最後在 2019 年 5 月被蘇寧易購以 48 億元人民幣收購了 80% 的股權。屬於永輝超市體系的專屬生鮮電商品牌超級物種，也發生虧損導致分家，改為永輝雲商控股等問題。

　　總體來說，上列幾家超市不論是由線下門店往線上業務擴充，還是直接成立全新的門店進行線上 + 線下的生鮮電商經營模式，經過幾年下來，還沒能達成理想中的業績增幅。根據最新的相關報導與統計數據，2018 年生鮮電商在中國大陸引進了 120 億元人民幣融資投入，有許多家新創企業進入生鮮電商這個市場，但是能夠營利的僅僅只有個位數的百分比，其他的多半仍在投資階段，處於虧損經營狀態。

多點與物美聯想橋店合作建立生鮮電商成功模式

同一時期，多點生活 (dmall.com) 發布相關消息顯示，北京物美超市與多點生活進行深度合作，並對於北京物美的聯想橋店在 2018 年初完成全面改造，重新裝修開幕後，以原有物美超市聯想橋店一半的面積，商品數由 17,000 種縮減到 9,000 種，卻做出原來兩倍以上的業績收入，讓聯想橋店由虧損轉為盈利。騰出來的面積進行轉租，或是餐廳與各種超市內店中店的招商，結果由於線下門店聚客效益，超市與餐廳等門店形成互利的交叉引流，生意也都不錯。這個案例是近年來少數能在「新零售」經營模式改造後，能在一年內就達成線上＋線下門店的總體業績明顯增長的重要案例。

生鮮電商萬億級市場仍在追尋獲利模式

綜觀上列中國大陸生鮮電商近三年的發展過程，可以歸納成兩大類：第一類是以原有的線下門店為基礎，向線上 APP 發展出「新零售」經營模式；第二類是全新投資「新零售」經營模式，同步開設線下門店＋線上 APP 的經營模式。就目前的結果而言，雖然中國大陸的生鮮電商被認為是總體量萬億級人民幣的巨大商機，但是根據 2018 年易觀所提出的《中國生鮮電商行業年度綜合分析 2018》，生鮮電商的滲透率為 7.9%，相比日用常溫百貨（電商商城）的滲透率已經高達近 70%，可見「新零售」在生鮮電商行業的模式，仍有待更高滲透率的突破。

其次，為何物美超市＋多點生活的模式，能成功為線下門店的總體業績帶來飛躍性的增長？又能產生線上、線下交叉導流？透過線上流量為線下門店帶來更多客戶到賣場採購、線下客戶被線上服務模式吸引也

有部分採購使用 APP 下單。相較於阿里集團盒馬鮮生以活海鮮為主打的高檔線上 + 線下超市定位，筆者認為有以下幾點優勢。

物美 + 多點的線上線下一體化，具備良好的數位化基礎與善用大數據選品。物美超市是全中國大陸第一個採用 SAP 系統的零售行業公司，在超市的商品數位化管理、品類管理等部分已經有很好的基礎。而多點生活網絡科技公司採用自建 IT 部門的方式，同時掌握了線上交易系統的客戶體驗 (APP)，與後台大數據在選品的深度應用。透過後台大數據的商品選擇與推薦，雖然物美聯想橋店的 SKU 數從 17,000 種降低到 9,000 種，卻能增加一倍以上的收入。可見原來的 17,000 種 SKU 之中，可能有超過 8,000 種 SKU 幾乎都是低效益的產品。雖然從公開報導裡面無法知道細節，但是相信物美聯想橋店改造後的 9,000 種 SKU 裡，有一大部分可能也不是原來的產品。

再者，利用大數據做好客戶端的促銷與服務。物美聯想橋店經過裝修之後，重新開幕通常需要一定時間重新找回客戶。從報導裡面看到的是，線上 + 線下營業額合計增加超過 100%，可見多點應該是協助物美超市利用大數據不斷增強了線上、線下客戶的交叉導流與精準促銷，配合大數據正確的選品，最終才能達成人（活躍客戶增加）、貨（正確有效的選品）、場（線下門店裝修改造，線上 + 線下交叉導流增加購買的場景與頻率）三要素全面的提升，進而導致業績全面的成長。

然而，盒馬鮮生投資的新建門店的速度卻幾乎不受影響，查閱盒馬鮮生的手機 APP 顯示，在北京、上海、廣州、深圳、武漢等十個以上的主要大城市，可以看到盒馬鮮生的新設立門店分布相當密集。同時，盒馬鮮生也推出了「盒馬雲倉」服務，使得手機 APP 上提供商品（數千個生鮮與常溫商品，最快 30 分鐘送達半徑三公里以內客戶）不足的部分，

▲ 2-8：盒馬鮮生的懸掛式輸送帶，方便現場揀貨完畢後快速送給出貨人員。

還可以由盒馬雲倉（相當於盒馬鮮生的區域物流中心）提供次日達的配送（下單次日送達客戶家中，另外增加數千個品項）。

根據採訪盒馬鮮生的一些報導，部分盒馬鮮生的線下門店也已經獲得一些明顯的成果，線上訂單數超過 70%、每日營業額超過 100 萬元人民幣，進入盈利狀態。這也是為何許多實體超市的傳統零售業者，都相當擔心盒馬鮮生的進駐會影響到傳統超市線下門店的生意的原因。

為何生鮮電商的轉化率無法提高？未來是否有可能達到跟電商一樣的轉化率？

▲ 2-9：高檔的鮮魚、大閘蟹類食材，很容易吸引到消費者的目光。

　　要回答這個問題，首先要分析常溫的電商與生鮮電商之間的差異。常溫物流配送與生鮮物流配送最大的差異，就是冷凍鏈的整個流程完全不同。

　　此外，使用者不同。常溫電商的採購在中國大陸已經非常普及，但是生鮮電商的採購裡，有很多生鮮食品是需要烹飪的，並不是每個人都會天天在家做飯。上班族在家做飯的頻率主要集中在週末，因此限制了生鮮電商的下單頻率與平均金額。

　　生鮮電商的商品搭配是否合理？是否能支持生鮮電商的核心價值？也許很多人認為，以這些大型超市而言，商品採購、商品供應鏈、商品組合等應該不是問題，為何近幾年來無法達成快速成長、盈利？要回答

這個問題，同樣需要先找到生鮮電商這個商業模式的核心價值為何，才能找到適合生鮮電商的產品組合。

幾年前，有位朋友跟筆者聊到他們公司所投資的一家生鮮電商（X公司），經營情況不如預期，筆者也很誠實地告訴他，X公司的牛鮮電商模式有嚴重的問題，那就是選品是以西餐的生活型態為主，商品中的中餐生鮮商品較為缺乏，而且不管怎麼買都無法在家做出一餐飯（例如：沒有賣蔥、薑，也沒有醬油等）。如果這個問題不能解決，X公司的生鮮電商模式是不可持續，且無法走上業績持續增量的道路。自到今日，筆者的看法仍然沒有改變，生鮮電商有別於常溫電商商城的最大重點，就是要能協助採購的消費者做出一桌好菜。在生鮮電商大量投資且仍在激烈競爭的今天，如果沒有辦法提供能做好一餐飯菜齊全的商品的生鮮電商，相信都已經消失在激烈的競爭過程之中了。

「新零售」經營模式要能滿足客戶真正有用的核心價值，符合可持續經營增量的模式。目前有些創新的超市賣場，強調在賣場中可以選擇新鮮的商品，立刻由賣場烹調，甚至部分主打龍蝦、鮑魚等高檔食材，吸引消費者前往體驗一番。除了現場烹調之外，許多生鮮電商也提供了大量的半成品食材包裝，方便消費者在家收到之後，經過簡單的加水烹調或微波加熱就可以立刻享用。

對於每一個消費者而言，生鮮電商的價值應該是能讓消費者每天買得方便優惠、吃得舒服、吃得驚喜。對消費者而言，這樣才是可持續的核心價值，可持續的核心價值才能為客戶帶來真正的良好購物體驗與消費價值，也唯有賣方能提供可持續的核心價值，「新零售」的服務才能具有真正穩定、可持續的交易流量，最終形成有規模的盈利模式！

阿里投資居然之家

打造令人驚喜的家居裝飾採購體驗

　　根據公開報導指出，總部位於北京的居然之家在 2017 年至 2018 年之間，僅僅以四個月左右的時間進行商議，就在 2018 年初確定由阿里巴巴集團斥資 58 億元人民幣收購其部分股權，並進行「新零售」經營的深度改造。經過短短半年多時間的改造，居然之家把原有的訂單資料，跟阿里巴巴集團的大數據資料庫打通，進行深度的資料整合與經營模式的改造。首先，居然之家的所有商品進行了高度數位化的變革與升級，所有要在居然之家上架的商品，除了要有基本的產品資料電子化之外，還需要由廠商根據指定規格，交出 3D 繪圖檔案給居然之家，同時還需包含所有產品規格的不同表面顏色與材質的電子檔案。此一要求使得居然之家在推出 3D「裝修試衣間」時，可以輕鬆整合所有客戶指定的家具、裝飾品規格，得以瞬間以 3D 立體全彩模擬繪圖的方式，呈現在大螢幕上，供客戶全家人品頭論足並隨意更換顏色（如：窗簾的顏色、大門的木板材質與顏色）、規格（如：沙發的面料是要真皮或布料）。更進一步地，對於家具挑選不熟悉的客戶，還可以進行整個新家想要中式風格家具，或者西式設計家具的配套推薦，然後再進行局部調整，直到全家人滿意為止。

　　阿里集團協助居然之家打造的 3D 裝修試衣間的作法，震撼了整個中國大陸的家庭裝潢與家具行業，因為從來沒有任何一家公司可以在秒級的標準之下，做到對客戶在全屋家具與裝潢可任意選擇不同產品，任意更換顏色、規格的 3D 虛擬實境秒級呈現服務。

　　更重要的是，3D 裝修試衣間可以把客戶最終選擇的版本的詳細規

▲ 2-10：阿里巴巴集團協助居然之家打造 3D 「裝修試衣間」，引用自紫金網 http://www. zijin.net/finance/1105603.html。

格，直接產生一個訂單二維碼，經由阿里巴巴集團的手機版淘寶 APP 對二維碼掃描就能結帳，保障了客戶在滿意之餘，能夠以最簡單的結帳付款方式快速成交。客戶還可以透過手機淘寶 APP 追蹤物流配送的進度，安排裝修技師到家進行安裝等工作。

根據本章的案例，可以歸納幾個結論如下：

● 「新零售」包含了食衣住行育樂等多種業態，「新零售」模式未來可以遍佈在有實體商品、有實體賣場的各種行業。

● 「新零售」模式的經營，透過適當的規劃，線上 + 線下的總體績效可以大幅度超越只有線下賣場的業績。

● 「新零售」的經營模式不斷創新，但還是要回歸到基本面，那就是：商家可以提供哪些核心價值給消費者？唯有把核心價值在「新零售」模式下能升級後再提供給消費者的企業，使得客戶體驗真正明顯的提高，則無論公司大小，都能在未來的競爭之中生存、發光、成長。

- 「新零售」的經營模式兼具有線上、線下一體化的特性,需要利用高度數位化的供應鏈,來實現以往不能或不容易做好的服務。

- 「新零售」的核心價值,在於提供客戶個人更好的服務與更難以捨棄的體驗,真正的「客戶黏性」來自可持續的、穩定且普及所有客戶的美好消費體驗。

- 「新零售」行業在銷售實體商品的過程,還會培養出一批提供「新零售」供應鏈生態圈的專業服務公司,例如:配送到家的騎手,這也是「新零售」革命會帶來的新商機。

第3章

新零售的策略
思考架構

　　由於「新零售」這個名詞在許多媒體不斷被提及，也有許多報導在探討老闆們應該如何去開發「新零售」的商機？如何去制定「新零售」的策略？但是眾多的新技術、新名詞與各家觀點的眾說紛紜，導致「新零售」的策略報導或觀點，經常令人迷失在各種技術名詞或創新的觀念說法之中，本書將使用策略規劃的方法，解析「新零售」行業的總體策略規劃步驟與關鍵成功要素，並且建立一套清晰的「新零售」策略規劃模型，提供給相關業者做為思考分析的參考。

新零售時代的環境變化與新技術

　　「新零售」時代的來臨，與新技術環境的成熟有密切的關係，也是基於新技術在近幾年來大量成熟之後，各種新技術、新觀念與新的商業模式，令我們目不暇給。想要瞭解「新零售」的策略，就必須先分析其形成的相關技術與環境變化，才能明確「新零售」的策略規劃重點。

移動終端高度普及

　　「全通路零售」雖然在 2011 年就被《哈佛商業評論》提出來，「新零售」卻遲至 2016 年才被馬雲提出來，檢視在這幾年之中，對於「新零售」能被真正落實的主要因素，就是自 2013 年開始，由於智慧型手機成熟之後引發移動購物的興起。因此，可以說智慧型手機的普及與技術進步，造就了「新零售」興起的基本動能，唯有人手一機（智慧型手機）才能在任何時空下，都可以盡情瀏覽、搜尋與下單購物，也唯有能移動購物，才能產生大量而連續的線上＋線下的多種通路與購物情景。

　　傳統電商的供應鏈服務的缺點，在於總體配送距離過長，導致時效趕不上客戶期望。尤其是長途配送生鮮商品時，經常容易導致高比例的

貨物損壞。這些因素累積下來，成為了「新零售」行業真正崛起的完整動能。由圖 3-1、3-2 可以看出，自 2013 年起，首先由蘋果 iPhone 4 引領的移動購物風潮，開始高速增加。根據相關單位的公開數據資料，2014 年中國大陸移動購物市場交易規模達到將近 9,300 億元人民幣，年增長率達 234.3%，同年的微信用戶數量已達 5 億，年增長率 41%。也就是說，通過微信或者各大購物網站的 APP 用戶端，進行購物的用戶明顯增多，形成了明確的移動電子商務發展趨勢。而從 2015 年到 2016 年的移動購物比例，更是從 55% 躍升到超過 70%，所以不難理解為何馬雲會在 2016 年提出了「新零售」的觀念。

工業 4.0+ 物流 4.0 的崛起

工業 4.0+ 物流 4.0 的概念開啟了一個新的時代，德國在 2011 年就由幾位學者提出了工業 4.0 的思路，並且在 2013 年的漢諾威會展上發布了工業 4.0 標準，同時工業 4.0 還需要配合物流 4.0，才能真正發揮工業 4.0 全部的效能，這一點經常被許多人忽略了。

工業 1.0 始於瓦特發明蒸汽機，以機械能取代人力掀起工業革命的洶湧浪潮。工業 2.0 則利用電力取代一大部分的蒸汽機，並且加上美國汽車業者亨利 · 福特真正把大規模的流水線生產技術運用到工廠後，才把工業 2.0 真正推向高峰。在工業 3.0 的時代，資訊化與供應鏈管理是最為關鍵的技術，資訊化對多數人來說並不陌生，但是供應鏈管理的力量卻經常被人忽略。資訊化的腳步是在 1970 年以後逐步展開，早期的大型主機 (Main Frame) 價格高昂並非一般企業所能負擔，但是很快地就進入個人電腦的時代。

2013-2020年中國大陸移動購物市場交易規模

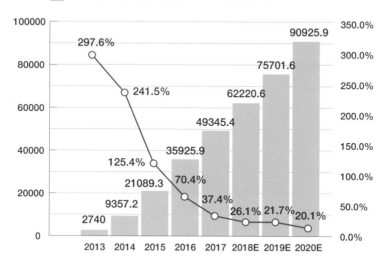

▲ 3-1：中國大陸移動購物市場交易。

2013-2020年中國大陸網購交易額PC端與移動端佔比

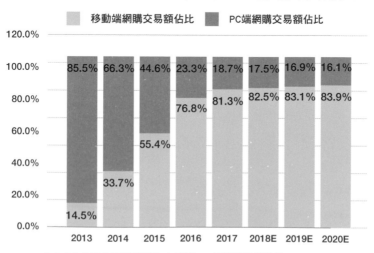

▲ 3-2：中國大陸網路購物交易額 PC 端與移動端佔比。

還記得「蘋果二號 (Apple II)」嗎？ 1977 年，蘋果二號打開個人電腦的時代，隨後而起的 IBM PC(Personal Computer) 確定了「個人電腦」的名稱，這兩家公司的個人電腦引領全世界進入電腦普及時代，也最大程度的使得資訊化進入許多人生活的一部分。之後，陸續引領管理資訊系統 (Management Information System) 持續快速發展至今，資訊部門成為大多數公司不可或缺的主要管理機能。從關聯式資料庫興起，到製造行業的 BOM 系統推廣，以至企業資源計畫系統 (ERP: Enterprise Resource Planning) 的普及。至今，多數製造企業都引進或多或少的 ERP 系統，甚至供應鏈管理系統 (SCM:Supply Chain Management System)，以便管理複雜的採購、生產、物流與全供應鏈流程。

就在大家期待資訊化的高度進程會把我們的明天帶到哪裡去的時候，工業 4.0 的時代突然躍上舞台。由於工業 4.0+ 物流 4.0 的全新觀念較為複雜，本章首先介紹完 4.0 時代的各種相關新技術之後，第四章會針對工業 4.0+ 物流 4.0 做更深入的說明。

	年代	關鍵技術	主要發明
工業 2.0	1870~1970	電力、生產線管理	內燃機、發電機、電話機和飛機
工業 3.0	1970~2011	資訊科技、供應鏈管理	原子能技術、航太技術、電子電腦、人工材料、遺傳工程、網際網路等
工業 4.0	2011~ 未來	工業 4.0、物流 4.0、行銷 4.0、大量訂製化生產 (Mass-Customization)	虛實融合系統 (CPS:Cyber-physical System)、物聯網、大數據分析、人工智慧、無人工廠等

▲ 3-3：從工業 2.0 到工業 4.0 時代的相關進程。

大數據分析與人工智慧

　　大數據的理論提出，與「全通路零售」一文發表都在 2011 年。在英國牛津大學「網際網路協會 (Internet Institute)」於 2011 年 9 月舉辦的「網際網路社群」年度大會上，由兩位學者 Danah boyd、Kate Crawford 聯名發表了著名的大數據論文「大數據帶來的六大刺激 (Six Provocations for Big Data)」。緊接著，10 月份由麥肯錫顧問公司出版的《麥肯錫季刊》發表了第一篇有關大數據的商業應用報導「大數據時代你準備好了嗎？ (Are you ready for the era of "big data"?)」。而著名的《大數據》一書（麥爾荀伯格、庫基耶合著，天下文化 2013 年發行），則是在 2012 年 8 月定稿並首先發行英文版。

　　全通路零售在當時乍看之下與大數據似乎沒有直接關聯，就現在來看則絕對是關係密切！因為大數據的特色，就是以接近母體或等於母體的數據量，來進行深層的數據分析，進而得到過去數學家們採用抽樣統計方法無法找到的深層結論——對大數據的「洞察」。

　　例如，在《大數據》書中提到，負責紐約市電力的愛迪生聯合電力公司，為了解決地下管道維修孔（簡稱：人孔）年久失修的失火與爆炸問題，除了定期檢修之外，2007 年求助於哥倫比亞大學的統計學者，希望能運用檢修人孔的歷史資料（包含過去的問題與管路分布），對於未來可能發生的爆炸進行預測。紐約市的地下電纜長度超過 15 萬公里，單是曼哈頓地區的人孔就超過 51,000 個，而檢修紀錄最早可以溯源到 1880 年起，只是沒有固定的記錄格式。這批雜亂無章的資料經過人工整理並輸入電腦之後，哥倫比亞大學的研究小組得以歸納並找出 106 個重大人孔災害預測指標，於 2008 年提出高危險的人孔清單預測後，2009 年有高達 44% 人孔確實發生了嚴重事故。

　　大數據的興起，直接引發新的科學研究方法，那就是採用「巨量數據」、「數據挖礦（Data Mining）」的手法，來分析各種看起來似乎不一定有關係的資料，進而得到超越人類受限於腦力無法計算與直覺理解的結論。

　　大數據技術發展對於大型企業非常有利，因為有效的數據量，就是更好、更有效的大數據分析結果的保證，大型企業很容易取得更多的有效數據，並且具備更大的資源來分析這些數據。但是資訊的雲端化結果，同時也使小型企業得以採用很低廉的代價來購買、儲存、分析、使用大數據的分析結果，因此大數據的興起，其實也是改變規則的一次新技術革命！

　　對於「新零售」企業而言，大數據的興起直接支持了客戶體驗的量化檢驗，與客戶畫像 (Porsona) 的真正數位化。同時，大數據也是人工智慧算法的依據。因此，《大數據》一書的副標題寫道：「巨量數據的革命將開啟我們生活和思考方式全面革新」，可以說是名副其實。

物聯網

　　根據維基百科的說明，物聯網 (IoT:Internet of Things) 技術的起源，來自 Peter T. Lewis 在 1985 年提出的概念。比爾・蓋茲在 1995 年出版的《未來之路》一書中提及萬物互聯。1998 年麻省理工學院提出了當時被稱作 EPC 系統的 IoT 構想。1999 年，在電子識別標籤 (RFID: Radio Frequency Identification) 的技術上，Auto-ID 公司提出了 IoT 的概念。而正式的 IoT 標準公布則是在 2005 年 11 月 17 日，世界資訊峰會上由國際電信聯盟發布了《ITU 網際網路報告 2005：IoT》，其中直指 IoT 時代的來臨。

由於物聯網的主要功能,是萬物內嵌具備一定智慧能力的感知器且互相連接,因此物聯網最少包含五個部分:自我識別 (Self-identity)、感知器 (Sensor)、通信 (Communication)、記憶 (Memory)、運算 (Calculation)。現有的技術已經可以將物聯網製作小型化內嵌在許多設備之中。未來再加上 5G 高速通信與幾乎零延遲的能力,物聯網將可以真正進入發展的快車道,協助智慧城市、全自動駕駛等新技術的全面成熟。

客戶體驗管理

客戶體驗管理並不是一個全新的領域,早在 90 年代即有一本名著《關鍵時刻》(Moments of Truth),特別大聲疾呼客戶體驗的重要性,與口碑行銷對於企業的影響。

客戶體驗管理的理論最早可以追溯到 1980 年代早期,當時主要是以追求「客戶滿意度」為主,但是在 2000 年之後隨著互聯網與電商的興起,客戶體驗管理已經成為一門顯學。客戶體驗管理的方法不限於「新零售」企業,可以適用於所有企業,目前已經發展成為最新的企業策略主流議題之一。時至今日,客戶體驗管理結合了多種數位化科技,客戶體驗更是進一步地與「使用者體驗 (User Experience)」、「使用者介面 (User Interface)」等數位化相關資訊技術 (IT:Information Technology) 管理領域充分融合,做為指導面對所有客戶接觸點的網頁設計、APP 程式設計的主要方法。

客戶體驗既然如此重要,就更需要被妥善地規劃與管理。現在有許多公司每年花費千萬元以上的研發、行銷費用,卻吝於花任何一次高階會議成本來做好客戶體驗的策略規劃,等於是把客戶體驗的結果好壞完全歸於運氣。在現今「客戶為王」的時代,任何企業如果還存在上述思

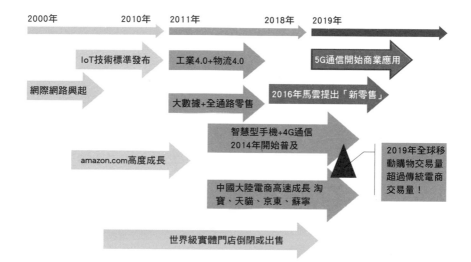

由傳統電商興起到移動購物超越電商的變化

■ 由於亞馬遜電商公司(amazon.com)的崛起，美國的Sears等百貨倒閉，JC Penny, Target等公司也面臨大量門店被迫關閉的壓力。

■ 在中國大陸，由於天貓、淘寶、京東等電商公司的崛起，也引發了一波實體商店的倒閉潮。

■ 著名的上海購物地標之一的太平洋百貨淮海店在2016年12月31日關門歇業。

■ 上海高島屋百貨也在2019年8月25日以閉店收場。

■ 達芙妮在中國大陸曾經於2010年達到經營的最高峰（營業總收入85.8億港元），自2016年起大量以每年約1,000家的速度關閉門店。

■ 沃爾瑪與家樂福在2019年6月被蘇寧集團收購80%股份。

■ 曾在2010年成為在中國大陸百貨超市營業額第一名的大潤發超市，在2017年被阿里巴巴集團收購大部分股權，成為阿里集團在「新零售」版圖之一。

▲ 3-4：各種「新零售」相關的新技術在近十年內突然快速出現。

想，若想獲取更高的業績與利潤，可以說除了具備世界獨家專利的必須產品以外，幾乎不可能實現。因此，我們就不難發現，有很多企業聲稱重視客戶，卻沒有花任何時間或資源在客戶管理上，想要做好客戶體驗管理無異是緣木求魚。唯有提升客戶體驗管理的地位到策略管理層次，

才能使得「新零售」企業在「客戶為王」的時代脫穎而出！（關於客戶
體驗管理進一步說明，請參見第八章）

　　綜合前述，近十幾年以來新發明的各種技術，可以看出從網際網路
興起，到第一次電子商務行業在 2000 年的泡沫化，對全世界的衝擊雖
然大，但是完全比不上第二波的電子商務藉著亞馬遜在 2004 年高速發
展的案例，諸多廠商學習並且推展到全世界成熟後傳統電商對傳統通路
行業的巨大影響。藉由資訊科技日益發達的變化，至此還沒有達到頂峰，
2011 年德國提出工業 4.0+ 物流 4.0 之後，行銷學大師菲利浦・科特勒
也在 2016 年發布「行銷 4.0：新虛實融合時代贏得客戶的新思維」，結
合手機移動購物在 2014 年起大幅躍升的線上購物比例，也就不難理解
為何 2016 年馬雲一提出「新零售」概念之後，「新零售」行業就在各
地風起雲湧的展開創業了。

如何建立成功的「新零售」經營模式？

看到一大批傳統零售行業的公司快速被市場淘汰，而上述「新零售」的成功案例來自不同行業，發力的重點也各有不同，不禁令人想問：到底「新零售」行業的關鍵成功要素是哪些？

筆者嘗試用一個多維度的分析，來比對第二章的成功案例在不同維度、不同面向的一些特徵：

在表３５裡，可以發現從品牌定位、核心技術競爭力、供應鏈模式、物流成本，與可持續經營等幾個維度，二個知名的「新零售」企業都有很大的不同。

案例	品牌定位	核心技術競爭力	供應鏈模式	物流成本可持續經營	客戶體驗設計
德國奧迪汽車訂製自提	高檔汽車	核心技術競爭力：很高。原因：擁有多項汽車專利。	採用 C2F 大量訂製化模式工業 4.0+ 物流 4.0。	透過物流 4.0 以高度自動化解決工廠物流複雜度大增的壓力。	貼心對待購車者的消費體驗。擁有良好技術與品牌形象的汽車。強調駕駛技術與高科技駕乘體驗。
Daniel Wellington 手錶	輕奢時尚	石英錶 100% 外包代工生產。主要以掌握手錶設計為主。	只掌握供應鏈增值最多的兩頭：設計與行銷。以手錶供應鏈專業知識管理代工廠。	手錶以空運到全球各國。包裝採用海運到世界各國。	買得起的輕奢手錶。簡潔大方的設計，可更換錶帶適合多種場合。滿足對於未來美好生活的期望。
生鮮電商盒馬鮮生快速布點北上廣	定位於中、高檔的生鮮電商	完全基於大數據分析的選址、選品、促銷與經營模式。高度數位化管理的公司。	生鮮供應鏈整合度高，提供高品質有競爭力的生鮮產品。	利用分布式電商降低物流最後一哩成本。目前維持 100% 免費配送。	快速方便的線上 APP 超市採購模式。選品貼近消費者需求與喜好。線上、線下門店購物體驗佳。

▲ 3-5：「新零售」成功案例的多維度分析。

71

以核心技術競爭力來說，奧迪汽車擁有許多專利的核心技術，但是在豪華車品牌當中也並非獨此一家。DW 手錶幾乎沒有牽涉到太多的製錶核心技術，僅是簡單的生活防水等級石英錶，就製錶的核心技術來說，幾乎沒有任何優勢。而盒馬鮮生在線上線下一體化經營的核心技術投入，有阿里集團龐大的大數據分析支持，在中國大陸至少暫時還沒有可以與之比肩的對手。

以供應鏈來說，奧迪汽車採用的是工業 4.0+ 物流 4.0 技術，在全世界都是最先進的。而 DW 手錶抓住設計與行銷兩端，把製造完全外包的方式，與 NIKE 有高度的類似，並非獨創。就盒馬鮮生的供應鏈來說，雖然有少部分創新，但是總體與傳統零售的生鮮供應鏈差距，主要是在其高度數位化的供應鏈管理能力，與大數據後台支持的精準行銷的能力。

以物流成本可持續經營來說，奧迪採用物流 4.0 技術，來降低因為供應鏈的複雜度大增的物流成本，這是世界級的方法。而 DW 手錶以空運為主、包裝材料以海運為主要的方式，並無特別之處。盒馬鮮生採用分布式電商的方式，相比於傳統電商採用七至九個城市的區域物流中心 (RDC: Regional Distribution Center)，配送整個中國大陸分區內廣大範圍的客戶，明顯是降低了最後一哩的物流成本，又能快速送達客戶家中，但是盒馬鮮生為了快速推廣，曾經長期推出優惠措施：不論下單金額高低，都能在門店三公里半徑範圍內免費配送的優惠。

那麼究竟什麼才是「新零售」的成功關鍵要素呢？

1. 為客戶提供真正更好的消費體驗：更方便、更划算、更享受

就「新零售」企業的成功關鍵要素而言，首先要提出的是「新零售」企業必須能提供更好的客戶體驗，上列這些「新零售」成功案例無一例外的特徵，是在客戶體驗這個維度都經營得非常成功，在競爭品牌之中，

幾乎沒有明顯的對手。

2. 掌握品牌核心價值所需要的相關技術

其次，是掌握品牌核心價值所需要的相關技術，並且有機的組合為一套貼心的「客戶為王」的成功策略，而非僅只是單一的引用各項新技術的個別「黑科技」。從DW手錶成功行銷200個國家的案例可以發現，DW手錶在功能上沒有特殊獨到的地方，但是藉由精準的供應鏈管理與品牌定位，加上善用社交媒體行銷手法，一推出就快速佔領了DW手錶選定的市場區隔，並能持續享受高毛利率的藍海市場，即使後續出現很多類似定位的手錶品牌參與競爭，DW手錶也不受影響持續高速成長。因為根據DW的品牌定位與客戶體驗設計，製造手錶的核心技術與複雜精密的手錶各種功能，不是DW品牌訴求的客戶體驗要素。可見掌握品牌核心價值所需要的相關技術，才是真正的「新零售」企業成功關鍵要素之一！

3. 高度數位化經營：商品、行銷、供應鏈、物流最後一哩

在上列「新零售」成功案例裡，不論屬於哪個行業，共通點是在高度數位化經營的部分都非常用心且投入甚鉅。任何一個公司想從事「新零售」的投入或是轉型之時，都需要優先做好在高度數位化經營的準備。在此澄清一下，高度數位化經營不一定是高額資訊系統的投資，以DW手錶的案例來看，由於產品SKU少，供應鏈管理並不複雜，不需要投資龐大的供應鏈管理資訊系統。DW手錶在資訊系統方面的投入，主要應該是在銷售網頁的建立與維護、APP與社交軟體的連接、大數據分析等部分。與大型企業動輒上千萬、上億元的大型資訊系統相比，DW手錶並不需要有很高的數位化投資，需要的只是每一個流程高度數位化的經營，來管理好從深圳出貨到200個國家的複雜供應鏈網路與配送進度。奧迪汽車與盒馬鮮生在資訊系統與數位化的投資可以想見是非常巨大

的，但是系統投資金額並非關鍵，數位化經營的深度才是「新零售」的成功關鍵。我們可以發現這幾家「新零售」成功企業，在產品展示、訂單接收結算與處理、供應鏈全程管理、客戶服務與反饋等，每一個訂單履約的步驟部分都是高度數位化的。

4. 創新、可持續、高效能的經營模式

最後一個、也是最重要的一個「新零售」企業成功關鍵要素，就是創新。上述的「新零售」成功案例之中，客戶體驗的設計都是創新的、以往不曾有過的，所以這些成功案例企業才能在「客戶為王」的「新零售」時代，受到大量客戶的肯定與持續地使用，進而達成業績高速增長。同時，在實現「新零售」創意的經營模式中，還是必須要注意這個創意模式需要具備可持續經營、高效能經營的特點。否則在上述案例的相同市場區隔之中，也不難發現有些競爭品牌發生了由於不堪虧損，而大量減少門店數量或遲遲無法擴張等問題。

對於「新零售」成功關鍵要素，想必還有其他的看法，讀者應該也有自己的經驗之談，但是筆者仍想提醒各位：

線上既有生意 + 線下新開門店 ≠ 成功的「新零售」
線下既有門店 + 線上手機 APP ≠ 成功的「新零售」

不是有「物」在「流」動，就能稱為「物流」。同樣的，不是具備線上生意 + 線下生意就是「新零售」經營模式。單純利用系統把線上生意與線下生意串連起來，無法構成一個好的客戶體驗。不論從線上生意出發，還是從線下生意出發，都需要完全體會「新零售」經營模式的關鍵點之後，才能創新提出有效的「新零售」模式。其次，「新零售」需要具備的成功關鍵要素是多維度的！不會只因為簡單的撒錢引流成功，

就能形成可持續的「新零售」經營模式。唯有全方位的根據上述這些成功關鍵因素，加上「新零售」企業所選定的市場區隔與產業特色加以綜合考慮，才能提出真正可持續、可獲利的優秀「新零售」經營模式！

接下來，我們就要繼續探討：如何做好「新零售」行業的營運計畫書？「新零售」企業升級轉型的規劃步驟有哪些？

新零售企業升級轉型的規劃步驟

為了使有心於「新零售」轉型升級的企業方便制定、建立真正可持續「新零售」企業的計畫，接著來探討有關「新零售」企業升級轉型的規劃步驟。

不論是創立「新零售」企業，還是現有企業想要升級轉型成為「新零售」企業，在制定一個「新零售」企業的規劃過程，基本應該包含下列幾大步驟：

1. 「新零售」企業核心價值定位
2. 品牌定位與市場區隔選定
3. 客戶體驗設計，包含：客戶服務流程與客戶意見反饋、改善流程
4. 數位化服務流程設計，包含：行銷定位與觸及客戶、商品進貨與出貨、製造或代工、客戶服務與改善、客戶行為分析與流程改變管理的主流程等
5. 數位化供應鏈模型設計
6. 最後一哩：物流模式設計

「新零售」企業核心價值定位

建立「新零售」企業的第一步，就是能先完整提出這個「新零售」企業的核心價值。例如：DW手錶的核心價值是提供可負擔得起的簡單時尚，所以DW手錶送禮自用兩相宜。奧迪汽車的核心價值，則是擁有為自己（和家人）量身訂做的高級／高性能汽車。而盒馬鮮生的核心價值訴求，應該是以更便宜、更快速方便的方式購買新鮮美食與日用百

貨，或是享用新鮮美食（堂食服務：現買、現做、現吃）。

「新零售」企業核心價值的關鍵點，包括：

(1)這些核心價值是否能被一大批客戶所需要？（潛在市場區隔有多大？）

仕前一章描述的「新零售」成功案例，不論是量身訂製的高級汽車市場，年輕人的輕奢時尚市場，還是生鮮購買的市場，都具有足夠大的市場區隔，可以讓這些企業在成長的過程，持續享有足夠的市場空間不斷地成長。

(2)這些核心價值是否可以持續被需要？（可持續經營的特性）

(3)這些核心價值是否能超越現有的其他競爭品牌所提供的核心價值？

例如：奧迪汽車提供量身訂做服務之後，並沒有明顯的漲價，原來與奧迪汽車在相同市場區隔競爭的品牌，如果沒有提供類似服務，就會面臨相當大的競爭壓力。而DW手錶則是先透過IG行銷自己的輕奢時尚品牌，不僅僅是因為DW的形象受到肯定，DW手錶的設計也切中了百搭的秘訣，一旦DW手錶的形象受到肯定之後，後續模仿DW手錶作法的品牌，在競爭優勢上已經落後。至於盒馬鮮生的生鮮電商送貨到家的作法，目前也有好幾家超市正在與其進行激烈的競爭，相信未來存活下來的生鮮電商，必定是能夠提供優於其他競爭品牌核心價值的生鮮電商。盒馬鮮生得力於阿里集團的跨公司大數據分析平台的加持，相信在競爭過程之中也是一個重要的核心價值。（例如：盒馬鮮生透過阿里集團大數據平台的「選品功能」，可以找出更加適合當地消費者期望的商品組合等。由於這個部分涉及阿里集團的大數據平台架構，將在第六章做更詳細的說明。）

品牌定位與市場區隔選定

有了明確的「新零售」企業核心價值之後，就需要對於自己企業的品牌進行定位。根據「新零售」企業提供的核心價值、商品組合、價格區間、服務客戶的市場區隔，進行精準的品牌定位。

關於品牌定位，DW 手錶的品牌定位特別值得重視。因為手錶已經不是創新的商品，除了競爭品牌環伺，加上有手機之後許多人已經不再佩戴手錶。在這種高度競爭的環境之下，相信大家都很好奇 DW 手錶的創立者 Filip Tysander 是如何選擇這個特殊的市場區隔？根據採訪 Tysander 的報導，DW 的品牌定位與市場區隔，就是他的實際生活體驗。他認為一個能夠買得起的輕奢品牌，與簡潔古典的形象，就是他一直在追求、但是之前沒有找到的手錶。Tysander 創立 DW 手錶時才 26 歲，他非常瞭解年輕人的心理，許多人都希望擁有形象清新古典又不貴的手錶卻不可得，所以他根據這個對於特定客戶群體的洞察所發現的客戶需求，創立了 DW 手錶品牌。只要瀏覽網路上有關 DW 的報導，可以發現每一張照片都經過精心設計與拍攝，非常精準地彰顯出 DW 想要表現的定位：年輕、活力、與自然結合的典雅生活。DW 手錶並不因為定價不高，而對自己的高檔生活形象定位有任何退卻，每年都參加瑞士巴塞爾世界頂級錶展，Tysander 自己也說，他持續關注著時尚的最新發展。由於 DW 持續投入各種符合 DW 輕奢時尚又注重環保的品牌風格的相關活動，像是贊助自行車比賽，並在各國持續使用網紅行銷保持時尚感，因此能維持 DW 粉絲們對 DW 形象的持續認知與好感。

品牌定位明確之後，「新零售」企業需要能以書面方式來描述自己的品牌定位，同時有關「新零售」企業的商標、企業識別系統等，都需要加以明確地完成設計，最後形成一份完整的品牌體驗 (BX) 設計標準。

客戶體驗設計

確立品牌定位與市場區隔之後，客戶群體已經是明顯且可以圈定的。在「客戶為王」的時代，客戶體驗設計就躍上檯面，成為「新零售」企業最重要的工作之一。

要分析客戶能接觸到哪些「新零售」企業的體驗，就要先分析「新零售」企業自身對客戶服務的所有流程，這些流程可能因為行業有所不同，但最少需要包含「新零售」企業的宣傳與推廣流程、客戶接觸到「新零售」企業各種資訊的「接觸點 (Touchpoints)」分析、提供給客戶的訂單承諾資訊（相當於企業與客戶的訂單合同）、客戶下訂單的流程、客戶收貨流程、客戶的評價與反饋流程、客戶投訴與處理流程、不滿意客戶與客戶投訴問題整理的追蹤改善流程等。

在客戶體驗相關流程制定清楚之後，還有一個感性兼具技術性的重要工作，就是「使用者體驗設計」。為了讓使用「新零售」企業手機 APP 或公司官網的使用者能有最驚豔的享受，在使用者介面的設計上，除了需要有良好的美術設計體現公司品牌定位的質感以外，還需要兼顧使用者下載速度與使用方便性等考量點。上列這些需要高度數位化技術支持的使用者體驗設計要點，缺一不可。APP 或是官網下單反應速度太慢可能造成客戶厭煩放棄下單，設計不夠美觀可能流失品牌定位所想要吸引的客戶群，如果是 APP 或下單網頁的商品搜尋很不方便，也會影響使用者下訂單的成功轉換率。

在客戶體驗設計時，需要注意總體的風格要符合「新零售」公司的品牌定位，而提供下單的 APP 或是下單網頁的使用者體驗與使用者介面的設計，也要能繼承整個客戶體驗所想要表達的內涵與重點。因此，可

以說品牌體驗、客戶體驗、使用者體驗三者是順序性的包含關係，也就是品牌體驗包含了客戶體驗，而客戶體驗包含了使用者體驗。

事實上，這三個體驗的設計，在許多「新零售」企業是分工在不同部門，當然初創公司也可能就是創辦人一手主導幾個團隊成員去進行BX+CX+UX的分工合作。從品牌體驗設計、客戶體驗設計一直到使用者體驗設計的關鍵，是分工之後能不能良好的協作？因為這三個步驟各有專業，經過分工之後還需要有「新零售」企業的高階管理者進行完整的整合，以免三者在分工過程中發生不協調的狀況。

數位化服務流程設計

數位化服務流程設計的目的，在於確認每一個程式、每一個網頁、每一個手機 APP 的頁面，都是完全一致且連續為了做好客戶體驗來服務的！2011 年提出的「全通路零售」一文當中，特別強調了客戶體驗在每個通路之中都是連續的、一致的。在「新零售」企業要保證這一點的實現，此時就需要一個跨部門的單位來整合相關的數位化服務流程，以避免客戶在不同的接觸點（包含：官網網頁、手機 APP 所有頁面、各種文宣、廣告、線下實體門店的回覆等）得到的資訊，或是客服部門的回答，有不一致的不良體驗。簡單地說，數位化流程設計的目標，就是要防止企業在零售三要素「人」、「貨」、「場」，由於採用了「全通路＋全場景」作法之後所產生不一致的客戶體驗。因此在前一個步驟的客戶體驗設計中，重點是給客戶體驗設計那些滿足客戶需求、甚至超越客戶期望的體驗。到了數位化流程設計這個步驟，需要檢視的是「新零售」企業所提供的所有客戶體驗，透過數位化技術之後能確實保持一致，提供給所有客戶連續而一致的最佳體驗！

▲ 3-6：盒馬鮮生的盒裝半成品，方便揀貨、配送。

　　主管數位化體驗設計或是使用者體驗設計的部門，需要把所有連接不同「人」、「貨」、「場」零售三要素的流程做出詳細的分析，並提出相關的標準設計與規格，這些標準規格除了提供給系統設計部門（例如：資訊部、UI 設計部門）按照標準執行以外，同時也應該提供給相對應部門主管（例如：物流部、客服部）做為部門員工訓練的標準。舉例來說：客戶發現「新零售」企業網頁上提供的資訊有錯字時如何處理？網頁上的價格發布錯誤時如何處理？價格錯誤時客服部門是否能得到即時的通知？客服系統是否能顯示本次價格錯誤的處理標準，以便保證所有客服人員的回答都能一致？

供應鏈模型設計

　　具有完整的品牌定位、客戶體驗設計與數位化服務流程的設計之後，但是真正要著手解決商品從無到有（從無到有是針對「新零售」企業而

言）的問題，還是需要回到整個實體商品的供應鏈模型設計。

盒馬鮮生屬於生鮮電商行業，那麼可以說盒馬鮮生的供應鏈模型，就要針對商品如何做好商品組合計畫、採購、進貨、維持庫存、缺貨應急、超額庫存及時處理、客戶訂單履行（揀貨、包裝、配送、退貨）等，全供應鏈所有流程的服務水準（訂單響應速度）、庫存天數（各環節庫存天數）、庫存持有成本、揀貨操作成本、配送成本等，加以完整地分析與考慮，並確定整個供應鏈的模型。奧迪汽車的量身訂製，整個供應鏈模型都是全新設計的「工業 4.0+ 物流 4.0」模式，奧迪汽車在德國實現這個當今最為複雜先進的供應鏈模型時，「工業 4.0+ 物流 4.0」的標準都還沒有被正式提出來。可見這樣完全創新的供應鏈模型「大量客製化」能被完整實現的客戶體驗，多麼令人驚艷！

許多關於「新零售」或「全通路零售」的書籍與報導，多半強調通路的多樣性與對客戶體驗的大幅度改善。殊不知客戶體驗要能夠有真正的改變，有賴於整個供應鏈模型的徹底改變！可見供應鏈模型設計，對於「新零售」企業能提供更好的客戶體驗具有決定性的影響力。很可惜的是，由於供應鏈計畫處於整個「新零售」事業計畫書的後台，一直以來沒有受到足夠的重視，這也是許多「新零售」企業因沒有做好供應鏈模型設計，由於供應鏈成本過高導致虧損，或是無法及時履約等情形，最終影響了「新零售」企業的生存。本書將另闢完整的章節，說明「新零售」時代下供應鏈模型的基本架構，以及供應鏈模型在「新零售」時代徹底改變的方向與趨勢。

在這個步驟裡面，需要完成生產／代工模式決策、供應鏈網路設計、供應鏈網路各級倉庫庫存天數目標規劃、客戶服務水準目標規劃（下單後的交貨時效、揀貨時效與精度目標規劃、最後一哩配送方式、訂單流量可承受的變化極限、退貨流程與處理時效）等工作。

最後一哩的服務體驗：物流模式設計

供應鏈模型確立之後，「新零售」企業的產品生產方式／採購方式就能被確定，此時整個供應鏈網路的設計也應該完成了，那麼物流計畫就躍上了整個「新零售」企業規劃步驟的主角。

在前述的「廣義新零售的定義」中，筆者已經明確指出，具有實體商品的行業都有可能進行「廣義新零售」的升級與轉型。既然「新零售」企業銷售的是實體商品，物流模式的設計是接續供應鏈模型設計之後的關鍵步驟。物流模式的設計包含了兩大主要部分：倉庫與庫存模式設計、運輸模式設計。有關於「新零售」的數位化供應鏈模型特徵，與如何做好 to C 端的全通路物流模式，請參閱第六章。

「廣義新零售」角度下的人、貨、場
零售三要素的定義

　　「新零售」仍處於快速演進的過程，本書所提出的人、貨、場零售三要素，是基於「廣義新零售」來定義的，以提供讀者一個全新的角度來看待「新零售」。

　　本書提出的「廣義新零售」融合了「工業4.0+物流4.0」與「新零售」定義，並充分考慮供應鏈與物流的限制，基於可持續經營的思路所提出的未來零售模式。在「廣義新零售」的模式中，只要有實體商品的行業皆屬於「廣義新零售」的討論範圍。其次，「廣義新零售」的經營模式必須是針對個人客戶的模式，任何不針對個人客戶做紀錄、提供商品與服務者，不屬於本書「廣義新零售」的討論範圍。

　　基於上述定義，本書提出零售三要素的全新定義與概念如下：

零售三要素首位：「人」的全新定義

人＝客戶＋公司人才＋公司組織（引流的能力）

　　現有的「新零售」對於「人」的定義中，主要指的是客戶，但是筆者認為在未來的「新零售」環境下，人的定義不應該只包含客戶，還需要包含「新零售」公司裡面的所有員工與公司組織架構，也就是説，人＝客戶＋「新零售」公司組織＋「新零售」公司人才。因為「新零售」公司如果單純地只是重視客戶體驗，是無法真正提供好的客戶體驗的，必須是「新零售」公司的組織與人才，充分提升到以「新零售」經營的模式為準，相對於傳統零售行業的公司組織與人才，做出完整且徹底地改變，才能提供「新零售」行業未來的優質客戶體驗。

三要素	新零售定義	原有定義特徵	廣義新零售定義	定義擴充原因
人	人＝客戶	主要關注服務客戶，沒有強調公司自身人才是否能在「新零售」時代具備足夠能力來做好客戶服務？	人＝客戶＋公司組織＋新公司人才	只有「新零售」企業的組織與人才準備好了，才能真正服務好「新零售」時代的客戶！
貨	貨＝貨物	專注於如何找到適當的貨物，對於各種不同類型的貨物如何提供最好的服務較少提及。	貨＝貨物＋服務＋產品使用體驗	為了確保客戶能獲得「新零售」企業銷售產品（貨）的最佳體驗，必須同時考慮各類商品的全流程服務如何做好？
場	場＝多種通路	強調多種通路、線上線下整合，對於如何管理客戶在不同通路的體驗關注較少。	場＝全通路＋全場景＋全面客戶體驗	除了線上＋線下全通路整合的服務之外，更需要關注客戶對相同商品在不同場景下的需求，才能提供完美的客戶體驗。

▲ 3-7：「廣義新零售」定義下的全新零售三要素。本書作者原創整理。

　　我們可以看看現有的一些生鮮電商「新零售」公司，即使具有足夠的資金可以快速擴充門店數、大量進行促銷與推廣活動，經常見到的重大困難之一，就是人才不足。「新零售」人才缺乏的情況，在不少公開的報導與專業會議裡面很常見到，即使目前在「新零售」行業一些頂級的企業，也同樣發生人才不足的情況。根據筆者實際的工作經驗發現，「新零售」企業內部人才不足的原因，出自「新零售」的經營模式要求的是徹底的零售革命，但是人才並不會跟著「新零售」的革命就自動產生，「新零售」的管理人才需要培養才能成熟。

　　以生鮮電商為例，「新零售」生鮮電商行業的人才主要來源有兩種：一大部分來自傳統超市的經營管理人才，他們擁有豐富的傳統超市經營經驗與深入的商品知識，但是普遍缺乏足夠的高度數位化經營環境訓練，對於高度數位化的即時管理、數據資料即時變動的流程比較陌生。對於使用大數據驅動的供應鏈庫存計畫與控制點、採購量、促銷活動的瞬間

流量暴增等都不習慣；這些賣場的管理人才是在「通路為王」的時代培養出來的。

另外一批人才來自長期待在網際網路的傳統電商行業。過去電商行業的高速成長給他們帶來高度的成就感，但是「新零售」的生鮮電商行業需要許多對於生鮮商品、賣場管理的專業知識，同時因為生鮮商品的供應鏈具有高度的時間急迫性，如果由於庫存計畫、銷售節奏控制不當，將會導致大量的生鮮商品發生商品過期的壞品損失等種種問題。雖然「新零售」大量運用電商行業的種種專業知識，但是過去電商行業對於個人客戶的交流與關注程度，跟「新零售」要求的標準有較大的不同，互動方式也截然不同。

所以在「新零售」的經營環境下，這兩大類的人才需要重新根據「新零售」行業的最新流程，與「客戶為王」的理念重新培訓，並且融合成一個新的「新零售」團隊。在高度數位化之下的「新零售」營運模式，也不斷地在迭代更新。如果對於流程的變動管理沒有一體化的決策單位，很容易發生整個供應鏈生產、採購、供貨與訂單履約環節的部分流程形成脫節，發生步調不一致或是資訊不同步的問題，甚至導致客戶嚴重的不滿意而發生大量投訴。

例如，某個電商公司在價格設定時發生價格明顯偏低的錯誤，導致客戶發現後大量集中下單。如果按照履行訂單的合約思路全數進行配送，公司將會產生大量的價格錯誤損失，更會導致該商品後續被低價倒賣引起供應商的抗議。因此，「新零售」公司必須設有數位化即時 (Real-Time) 監察價格與毛利率的機制，同時在商品管理部門的人才訓練上，也需要做出不同的要求。過去傳統零售線下賣場價格標示錯誤，引發的影響面較小（單一門市之內），而在「新零售」經營環境下，對於商品價格需要以零錯誤的目標來管理。對於價格設定環節需要制定很高的正確性目

▲ 3-8：活跳跳的魚蝦、蛤蜊等生鮮食材，如何計算並快速驗收數量，對於過去從事傳統電商、常溫貨品為主的人才，形成一大考驗。

標，並且在商品價格管理的流程上，需要有全新的思考。

再者，每家超市每天都需要進行生鮮商品的驗收才能更新庫存數量，在由線上到線下 O2O(On-line to Off-line) 模式下，每家超市門店的賣場庫存與線上 APP 是共用的。在 APP 上面，每一秒鐘都可能有客戶在下單，庫存能否即時更新非常重要。如何管理好每天上千種的生鮮商品能快速驗收，又能兼顧釐清物流中心配送商品正確到位與線下門店的責任？想要執行快速驗收，但是活跳跳的鮮蝦、魚類怎麼計算驗收數量？這些經驗都不是原來從事電商行業、以常溫貨品為主的人才所能想像出來的，需要實際在賣場中親身體驗才能有所心得。過去的超市門店驗收速度因為沒有線上訂單的需求，可以有一段時間在生鮮商品卸貨到超市之後，資料庫裡面的生鮮商品庫存是處於驗收狀態，沒有更新庫存資料的，但是面對「新零售」經營環境下，在每天驗收幾百甚至上千種的生鮮商品時，就會發現這段時間裡面可能有很多客戶在線上無法查到生鮮

商品的可用庫存，而引發客戶投訴或是客戶乾脆放棄線上 APP 的訂購，導致商機損失。

上列案例僅只是生鮮電商在「新零售」行業人才需求方面的一小部分挑戰，可見過去傳統零售與傳統電商的人才在「新零售」經營環境下是需要成長與改變的，以及需要公司付出大量的投資與有計畫的培訓才能養成。而這些人才不僅限於行銷部門、商品部門或是銷售部門，「新零售」行業各部門所有的員工都需要把自己培養成「新零售」的人才，才能提供客戶更好的服務體驗！

在公司組織方面，對於想要升級到「新零售」模式經營的公司，也面臨一個基本的挑戰——傳統零售公司原有的組織是否適合「新零售」？如果新創立一家「新零售」企業，各部門組織架構應該怎樣設計？跟過去的傳統零售行業的組織架構一樣嗎？

不論是想要升級轉型「新零售」的傳統零售公司，還是創新成立的「新零售」公司，在組織架構設計的思考過程應該先做出全公司的主流程。這個流程需要包含兩大部分：採購進貨（採購生產）流程、銷售收款流程。這個分析手法雖然是傳統審計學已經定義的五大循環之二，卻是所有銷售實體商品的公司都具備的。同時，在說明這兩大流程時，必須基於供應鏈管理、物流管理的方式，進行分析、設定如何做好服務個人客戶的關鍵目標。這些關鍵目標包含：供應鏈管理經常使用的客戶服務水準 (SLA: Service Level Agreed)、預計可以接單庫存數量 (ATP: Available to Promise)、供應鏈各個環節的庫存天數 (DoI: Days of Inventory)、訂單準時交付比例 (On-time Delivery Rate)，與物流配送管理經常使用的：完美訂單比例 (Perfect Order Rate)。完美訂單指的是，訂單交付準時且沒有任何操作標準上的錯誤（無揀貨錯誤、無產品品質問題、無包裝問題、無可歸責於「新零售」公司的客戶投訴）。

- **客戶服務水準**：生鮮電商的線上訂單給客戶的承諾是下單後一小時送達指定地址。配送時間範圍是上午九點至晚上九點，可下單時間是全天候二十四小時都可以接單。
- **可訂購庫存水平**：1.5天。可以訂購包含生鮮低溫等商品，線下門店的線上銷售庫存天數目標Dol >1天。
- **商品品質標準**：低溫商品具備良好的包裝與配送工具，例如：低溫配送車輛、保溫箱等。

相對於亮麗的月活躍客戶數、日活躍客戶數 (DAU: Daily Active User)，上述這些「新零售」行業的關鍵指標 (KPI: Key Performance Index) 是「新零售」行業在供應鏈設計、工廠訂製化生產、服務個人客戶時都需要考慮的因素。「新零售」的組織設計必須能順暢地分工合作，完成這些關鍵指標的設計、執行、追蹤、考核與績效改善。

其次，對於線上的營運活動與線下的營運活動，雖然可以做出線上、線下個別的專業分工，但是必須要在事權上統一管理，避免出現單純由線上驅動線下，或是線上、線下各自為政的情形。這種情況一旦發生就會影響到客戶體驗，而在高度數位化時代客戶體驗的反饋是即時的，如果沒有做好管理可能隨時會引發客戶投訴，甚至引爆公關形象的危機。由於許多「新零售」線上下單都是一天二十四小時均可下單，沒有時間限制，所以「新零售」企業的客戶服務部門需要考慮是否設置專人進行一週七天、全天二十四小時的監督與管理？

在「廣義新零售」的觀點之下，「新零售」可能發生在任何有實體商品零售的行業，因此無法提出一個適合所有「新零售」企業的通用組織架構。無論如何，「新零售」的所有員工必須是為了服務好「客戶為王」的時代而養成。「新零售」公司的組織架構，必須是為了服務好「客戶為王」的時代而設計。

▲ 3-9：透過類似 Uber Eats 等外送 APP，讓餐飲商家與消費者的距離更加縮短。截圖自 Uber Eats 官網。

零售三要素：「貨」的全新定義

貨 = 產品 + 服務 + 產品使用體驗（高度數位化供應鏈的能力）

在人、貨、場「新零售」的三大要素之中，第二個要說明的是「貨」。依筆者之見，貨並非單純指產品本身，貨應該代表產品，加上服務，再加上客戶的體驗。

貨（商品）是傳統零售行業三要素最優先考慮的核心問題，在產品力引導消費的年代，傳統零售業者最關心的問題就是商品的引進。如果有一個品牌力超強的商品，零售門店業者會給予很多優惠。反之，一個

沒有特色或是剛起步無法預估未來銷量的商品，又沒有足夠的上架費支撐，那麼這個新品很難在「通路為王」的時代爭取到很好的銷售曝光率。因為賣場的貨架有限，眾多的新品與原有的商品都在競爭這些貨架空間。對於傳統零售而言，一個合乎附近商圈客戶需求的商品組合，就是零售賣場對於集客能力的保證。

本書一開始曾提到外送餐飲的數位廚房業務，成品種類的數量可以控制在幾種到幾十種之內，所以外送餐飲經營的複雜度不高，產品的數位化程度也可以控制在最小，以產品的圖檔搭配文字說明即可。現在有很多軟體公司提供餐飲外賣的現成套裝系統服務，協助餐飲業者輕鬆完成最基本的供應鏈數位化工作。像是 Uber Eats、Foodpanda 富胖達、美團外賣等外送平台，都會直接提供相關的系統解決方案（包含 APP 上線新的餐廳、菜單、價格、結算與訂單進度追蹤、客戶服務回覆等功能）給餐飲商家使用。對於一些有興趣自己經營外賣 APP 的公司，目前也有很多選擇。例如：在中國大陸「微信點餐」的相關軟體系統與套裝手機 APP 已經非常成熟，有超過百家公司提供類似的軟體系統服務，可以在餐廳內提供幾乎無人的點餐服務，並且使用第三方支付直接在點餐後就結帳。而美國的一些軟體廠商也抓住了外賣平台在美國愈來愈火熱的商機，提供包含後台結算、前台點餐，以及廚房安排進度等軟體的全套服務。

對於其他的「新零售」企業來說，眾多的產品數量需要高度數位化的管理，才能符合多種線上通路的展示需求。例如：每個產品需要拍攝多張照片，以便在線上通路能夠以不同的角度展示。單以生鮮電商行業來說，在中國大陸多數的生鮮電商都能提供二千至五千種以上的線上產品，供客戶在手機 APP 或網頁上進行選購，以滿足客戶在家做出一份完整的中式餐點的需求。就以每個產品最基本的附三張照片來計算，每個生鮮電商需要維持在線上展示的商品照片便超過一萬張以上，且生鮮電

商屬於超市行業,每個月都會有季節性商品的促銷,每週都需要更新最時鮮的當令食材、水果、蔬菜,全年管理的產品品項將會高達數萬種以上。除了產品在線上銷售的展示之外,對於每個產品在多個物流中心與每個門店的庫存管理、採購進度、物流狀態的追蹤與即時更新,以及配合促銷活動的產品預先準備庫存到各門店、即時價格與折扣的管理等大量資料,唯有全數位化的供應鏈才能支持相關的工作不斷地滾動推進。

目前甚至已經有部分「新零售」賣場提供 3D 的產品目錄,因此可以預見未來產品還需要加上 3D 掃描,才能展示虛擬實境 (VR: Virtual Reality) 的立體影像。除了照片以外,每個產品同時需要搭配清晰的產品描述,並且在資料庫內建檔,方便客戶在線上搜索時找到,甚至進而提供類似產品之間的不同規格比較等。這個階段的產品數位化,還只是簡單版。許多高階的製造行業已經開始使用產品生命週期系統 (PLM: Product Life Management),或是產品電腦輔助設計 (CAD: Computer Aided Design) 的立體 3D 設計,管理產品在設計、製造、供應鏈計畫、成品庫存管理的所有環節。產品是整個零售服務的價值交換的主體,在數位化的經營中應該最優先被考慮是否能達成足夠的數位化?否則一家「新零售」公司在沒有產品數位化的條件下,很難支持線上通路的各種運作需求。

產品的管理必須高度數位化管理之外,為了提供更好的客戶體驗,「新零售」企業必須總體思考「產品 + 服務」在客戶下單前、中、後的服務流程。這些「產品 + 服務」的流程要能提前做好詳細計畫,包含客戶服務的成本也需要列入銷售成本之中來考慮。因此,「新零售」企業在建立服務流程時,引進「服務成本 (Cost to Serve)」的理念是相當必要的。因為服務是無形的,如果沒有規劃良好的流程,客戶可能感到不夠滿意。但是服務又是有成本的,如果無限制地擴大服務的範圍,又會導致服務成本過高的風險。服務成本的計算屬於供應鏈/物流管理的一

個重要環節，將在第六章「新零售的高度數位化供應鏈管理」進行更詳細的分析。

基於產品的高度數位化管理，與個人購買訂單歷史資料的大數據分析，線上＋線下逛賣場的體驗，能夠被「新零售」公司更加有效地運用在提供更好的消費體驗。例如：更快搜尋到我喜歡的商品、更主動的推播我感興趣的商品資訊、更貼心的瞭解或提醒我該訂購某些商品等。

總之，在「新零售」環境下的產品（貨）管理基於高度數位化的管理，與基於大數據分析的客戶畫像等最新技術，建立了全新的客戶服務與客戶體驗的流程，加上數位化供應鏈的全面改革，使得「產品＋服務」給「新零售」的客戶，帶來更深入、更快速、更貼心的消費服務與體驗。

零售三要素：「場」的全新定義

場＝全通路＋全場景＋全面客戶體驗（提供可持續、良好的客戶體驗與客戶價值）

在所有零售的交易之中，「場」可以視為賣場，是買賣雙方撮合達成交易的場景。賣場無論存在於線上 APP 或是線下門店，都是零售行業交易完成的關鍵要素。

在傳統零售行業的「場」，原則上指的是實體線下門店（或是實體通路），而在「新零售」環境下，「場」的定義更加廣泛，囊括線上、線下所有的各種通路，只要能使訂單交易完成的都應該視為「新零售」的「場」。但是單純的以完成交易的場合才視為「場」，似乎與「新零售」強調客戶體驗的概念有些不符合。筆者認為，在「廣義新零售」的定義下，「場」不僅代表了買賣雙方能完成交易的場合或各種通路，還應該包含客戶體驗的所有場景，亦即「場」的定義包含全通路＋全場景＋全

面客戶體驗。

在此先說明「場景」與「通路」的差異：通路指的是銷售產品的場地，而在「新零售」企業的通路則包含線上與線下兩大類通路；場景則是指消費的情境，因此場景包含了「場」和「情境」的綜合體。

例如：同樣是消費者在線上 APP 通路下單買一份冬天的火鍋食材，可能小楊是為了給女朋友慶生，而專注於購買女朋友喜歡吃的口味（預計烹煮的菜單、相關的配料、醬料等）與盡量高檔的食材，以顯示小楊為女朋友慶生的用心。因此，小楊所購買的食材，跟第一章開頭提及的小王為了與好兄弟小聚喝酒的食材，將會完全不同。在購買的場景上，小楊會提前花更多時間思考菜單，以便能買到合適的食材，訂單配送的時效相對來說顯然不是最重要的，但是萬一訂單不能準時送達，仍將使生鮮電商面對嚴重的投訴，以及負面的宣傳。而小王則是臨時接到通知需要請兄弟吃飯並且喝上兩杯，可見重點是採用羊蠍子火鍋套餐能最快上桌並開始享用，於是小王可能更加注重價格的優惠，與週五晚上訂單配送的速度。

小楊為女朋友慶生的準備，除了親自料理海鮮火鍋大餐，可能還需要佐餐的香檳或葡萄酒、鮮花，而且食材最好能方便他快速完成料理，甚至有些小楊不會烹調的食材如：龍蝦、帝王蟹，希望超市能預先做好一起配送過來。對生鮮超市來說，單是把生鮮食材正確揀貨，加上在生鮮超市現場烹調好的餐盒同時配送，又不能超時導致餐盒的溫度流失影響客戶體驗，就是一個後勤作業如何保持同步的巨大考驗。假使生鮮超市能以「客戶為王」的精神，做好相關規劃並能持續提供這種高難度的服務，則客戶體驗將完全不同。這就是消費場景不同，所帶來的供應鏈實施難度大增的巨大差異。

　　客戶確認下單的場景固然是零售業者最樂意見到的場景，但是這個交易的決策，卻是客戶透過種種不同場景接觸某個產品的資訊以後，產生的購買決策所推動才能發生。所以在重視客戶所有消費體驗的「新零售」環境下，所有客戶能接觸到這個產品資訊的場景，都是「新零售」公司所想要管理的，除了管理之外，更必須做好各種客戶在這些通路、場景消費體驗的策畫，以期每一次產品資訊與客戶的接觸點，都能完美呈現這個產品想要提供給特定客戶的體驗。例如：在臉書、LINE、微信、抖音等社交媒體的瀏覽過程中，可能會有產品廣告出現吸引客戶的目光，也可能是在臉書關注的粉絲團裡引發了特定的討論，進而發現粉絲團裡面正在銷售特定的產品。這些都屬於線上通路的不同場景，也都屬於經過「新零售」公司設計的客戶接觸點。由於全通路與全場景的無限創意可能性（通路形式與場景的「無界」），「新零售」的場具備了無窮的可能性與線上線下交叉的組合。

　　透過滿足客戶在不同場景下的需求，就能提供一次又一次極佳的購物體驗給許多不同的客戶，可以說這樣的接觸點設計與客戶消費場景的營造，都需要「新零售」公司提前做好相關的流程，各種數位化系統的設計，與供應鏈的設置才能完美達成。

　　「新零售」企業的服務流程設計，是一個非常重要的工作重點，近幾年也發展出提升全面客戶體驗的一些方法。其中最常見到的，就是「客戶體驗管理 (CEM: Customer Experience Management)」。有關客戶體驗的方法，自 2000 年以後，在歐美等電商公司最早開始蓬勃發展的國家已經逐漸成熟，有些公司還設立了專職的客戶體驗部門，專門負責管理客戶體驗流程的設計與執行。客戶體驗更是藉由全通路零售的觀念，結合大數據、人工智慧等分析手法，使得客戶體驗的管理，應用大數據分析後得出的客戶畫像，提供了更加個人化的客戶體驗、用戶體驗

設計方法。本書將在第七章「新零售的精準行銷」、第八章「新零售的
客戶體驗管理」做更詳細的說明。

第4章

新零售的生產模式C2F

不論是 2011 年《哈佛商業評論》首次提出的全通路零售開始，還是從智慧型手機自 2014 年以後移動購物大幅佔領電商下單量比例開始，又或是從 2016 年馬雲提出「新零售」開始算起，「新零售」的全新改變仍在高速的發展過程中。要想看清新一代零售革命未來的發展方向，就必須高屋建瓴、提前對於未來商業模式發展有所發覺與洞見，才能真正掌握時代變化的趨勢，抓住變革發展的主流！在「新零售」的快速變化中，緊緊跟隨核心的架構來發展。

筆者認為想要瞭解「新零售」行業未來的發展方向，首先要探討的是——未來全世界的零售模式發展主流是什麼？原本這是一個相當複雜且難以預測的問題，但是 2011 年德國提出「工業 4.0+ 物流 4.0」以後，這個問題得到了一個相當具體的回答，那就是——藉由各種新一代的高科技、大量訂製化的商業模式，將會是新一代的主流商業模式。根據工業 4.0 的願景，未來的商業模式將會是以「客戶向工廠訂購 (C2F, Customer to Factory)」，又稱為「客戶向製造業訂購（C2M, Customer to Manufacturing）」模式為主流的大量訂製化時代！

工業 4.0+ 物流 4.0 的定義

德國的「工業 4.0」一詞，最早見於 2011 年 4 月漢諾威工業博覽會的報導，由德國 VDI 新聞在博覽會期間進行了第一次公開的報導：由孔翰寧 (Henning Kagermann) 帶領的科學小組倡議德國政府推動基於物聯網技術最新發展趨勢，進一步對於「虛實融合系統 (CPS: Cyber-Physical System)」及物聯網進行深入研究，並在 2011 年 1 月 25 日將這份報告提交給德國聯邦政府。內容主要是建議德國聯邦政府基於上述高端的 CPS 生產技術進行研究與推廣，以維持未來德國工業的世界性優

	年代	關鍵技術	主要發明	特徵
工業2.0	1870-1970	電力、生產線管理	內燃機、發電機、電話機和飛機	電力與生產線管理技術使得工廠可以更加小型化,且生產效率更高。
工業3.0	1970-2011	資訊科技、供應鏈管理	原子能技術、航太技術、電子電腦、人工材料、遺傳工程、網際網路等	運用資訊科技與供應鏈管理結合,使得生產相關的全供應鏈達成最佳化,進一步降低企業成本與供應鏈管理風險。
工業4.0	2011-未來	工業4.0、物流4.0、行銷4.0、大量訂製化生產	虛實融合系統、物聯網、大數據分析、人工智慧、無人工廠等	4.0時代各領域都需要高度虛實融合,各部門人才都需要資訊科技知識做為基礎,才能進一步學習在4.0時代的虛實融合環境下更好的發揮才能。

▲ 4-1:工業 2.0 至工業 4.0 的演進過程與特徵的對照分析。本書作者原創整理。

勢,又稱為第四次工業革命。同年,德國聯邦教育及研究部 (BMBF) 和聯邦經濟及科技部,將其納入「高技術戰略 2020」的十大未來專案。

2013 年 4 月 8 日的漢諾瓦工業博覽會中,工業 4.0 工作小組提出了最終報告。截至近期為止,德國聯邦教育與研究部已經投資高達 470 億歐元,聯邦經濟技術部也參與了 8,000 萬歐元的研究資金,用來提升製造業的電腦化、數位化和智慧型化。之後,在德國聯邦政府經濟事務和能源部(BMWi)和聯邦教育與研究部的管理下,由德國機械及製造商協會(VDMA)等設立了「工業 4.0 平台 (RAMI 4.0)」;德國電氣電子及資訊技術協會發布了德國首個工業 4.0 標準化路線圖 (Industry 4.0 Roadmap Standardization)。德國聯邦政府也每年都發行「工業 4.0」年度報告。

所謂的工業 4.0 目標,與以前工業 3.0 局限於全自動化生產不同,並不是單單創造新的工業技術,而是著重在將現有的工業相關的技術、銷售與產品體驗統合起來,透過工業人工智慧的技術建立具有自適應性 (Self-adaptive)、資源效率和人因工程學的智慧型工廠,並在商業流程及價值流程中整合客戶及商業夥伴,提供完善的售後服務。其技術基礎

是虛實融合系統及物聯網。這樣的架構在 RAMI 4.0 標準不斷完善發展的過程之中,如果得以陸續成真並應用,最終將能建構出一個由「自我感知 (Self-sensor)」、「具有主動意識 (Autonomous)」的新型智慧型工業設備所互相連結 (inter-connected) 而形成的全新世界!

這些自主型工業設備與高度數位化系統不但能在生產線上,採用互相連通、自我調適、總體最佳化的方式,進行生產效率的最佳化以外,還能透過各種大數據分析、人工智慧分析等高等算法,直接生成一個充分滿足客戶、完全以客為尊的相關解決方案產品(需求客製化),更可利用電腦預測,例如:天氣預測、公共運輸、市場調查資料,即時精準生產或調度現有資源、減少多餘成本與浪費等(供應端最佳化)。根據德國工業 4.0 策略地圖標準架構,可以發現在不同的維度,已經有多層次的定義,而在「德國工業 4.0 策略地圖標準報告書 V3.0 版」之中,也有很詳細的相關國際標準陸續發布,提供各國有興趣的專業單位做更深入的研究。

這樣的成果一旦達成,確實是人類工業革命歷史上前所未見的!我們可以看出德國提出工業 4.0 做為高科技國家策略是非常認真的,投入了大量經費加以研究,並制定推廣到德國各種企業的相關計畫與國家標準,是真正非常具有前瞻性的國家級戰略計畫。

物流 4.0

「物流 4.0」則是由德國聯邦物流研究所(BVL)在 2010 年起,開始提出工業 4.0 的配套研究。由於工業 4.0 所有的基礎建設,有一大部分在於需要物流提供能滿足工業 4.0 高度彈性化、自主化生產的全新模式的實體搬運與網路結構等相關模式,如此一來勢必引發傳統的自動化

物流，也需要進行自主化、感知化、互聯互通的根本性改變，才能充分支持工業 4.0 的實體搬運與各種物流需求。因此，**德國聯邦物流研究所認為：「如果沒有物流 4.0 做為實體系統的支撐，工業 4.0 將會僅僅存在想像當中。」**

德國聯邦物流研究所把物流 4.0 在工業 4.0 的重要性，擺在非常高的策略地位，但是由於物流 4.0 的觀念非常先進，以及需要應用許多全新的技術的原因，對於如何把物流 4.0 有效的應用在工業 4.0 的模式之中，需要結合對於工廠生產流程、CPS 智慧型感知設備、自主化的無人搬運設備 (Smart AGV)，與全新的供應鏈管理系統（包含全新的供應鏈計畫模組、APS 先進排程模組、WMS 模組等全新邏輯的系統，例如蜂群式 Swarm 物流作業模式等），才能真正深入地建構符合物流 4.0 標準的工廠與達成 C2F 批量 =1，又能降低單位成本的工業 4.0+ 物流 4.0 全新工業模式。未來筆者將另外以專書做更加深入的探討。

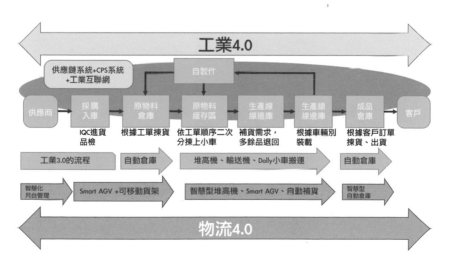

▲ 4-2：工業 4.0 與物流 4.0 的融合流程。本書作者原創整理。

C2F 的定義

電子商務的興起和在全世界的成熟，大量擠壓了中間商的空間，稱之為「去中間化」。因為在買方與賣方的中間只需要電商平台做為中介者，電商平台擔任了商流、金流、物流、資訊流四流合一的角色，而電商平台扮演這個角色的快速與透明，受到消費者高度的肯定，使得中間商大量、快速地在減少之中。

就在有些人以為傳統電商平台已經徹底打破中間商、通路商掌握通路的同時，事實上，傳統電商平台已經成為掌握新一代「通路為王」的通路王者。但是 2013 年「工業 4.0+ 物流 4.0」模式被提出來之後，不但「通路為王」的時代即將快速成為過去，全球的商業模式還在向一個「高度去中間化（中間商消失殆盡）、大量訂製化、極高度化彈性生產、自動適應性物流」的方向飛躍的過程。如果傳統零售業者還有創業者僅僅關注電商平台怎樣戰勝競爭品牌，也許在很短的時間內，來自「新零售」的全新品牌會全面打破某些行業的現有競爭規則與競爭方式。這才是所有人對於新一代零售革命最需要具備的觀念，也是所有傳統零售業老闆們最需要關注的一點！

從字面上來說，C2F 就是「客戶向工廠訂購」的商業模式。從供應鏈的結構上來分析，C2F 絕對是一次顛覆性的工業革命，因此德國發布工業 4.0 的大量訂製化標準時，把這個定義當作是第四次工業革命。既然是第四次工業革命，先來看一下第四次工業革命，或是 C2F 模式如果大量發生之後的世界會是怎樣的？

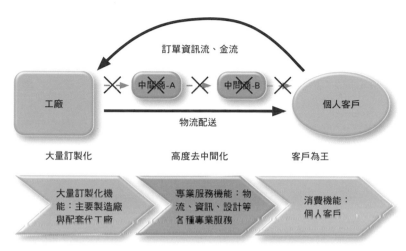

▲ 4-3：C2F 的未來商業模式。本書作者原創整理。

- 多數人（買方）吃的、用的產品，大部分都直接來自於大量訂製化的工廠。

- 品牌廠商多半具有製造能力（賣方），如果品牌商沒有自行生產的能力，而是採用代工廠，該品牌商必定非常擅長於產品的設計。

- 具有自行生產能力的品牌（賣方），主要競爭力除了製造技術以外，還需要具備高度的彈性化生產能力。

- 商業環境中主要只剩下三種角色：買方、賣方，還有買方與賣方之間的「專業服務第三方」，例如：物流公司、顧問公司、專業代工廠、專業零件製造廠、專業勞務提供者。而買方與賣方之間，業務量最大的就是物流這個角色。

也許讀者會有疑問，那麼電商平台到哪裡去了？

　　我們看到近來 5G 的發展一日千里，電商平台擔任中間商，藉由搓合來賺取通路提成的角色，也正在快速地發生變化中。筆者認為未來一定會有免費（零提成）的電商平台出現，因為電商平台的交易資料經過大數據分析、形成有意義的客戶畫像等，對於消費行為的洞察報告以後會更值錢。

　　為了競爭取得更多的買方信任與同意大數據的使用權（全部或部分：例如只能使用匿名的、彙總的方式發布、資料的顆粒度有限制的數據等），在不遠的未來會有來自非現有電商平台的競爭者，甚至提出以有條件補貼提成（負提成）的方式，吸引賣方廠商與買方客戶更頻繁地使用未來的新一代零售交易搓合平台。

　　有別於現在的傳統電商平台，要提成、要廣告費、要折扣配合等，相信未來的「新零售」交易搓合平台可能不但能免費提供服務「新零售」的產品搜尋與交易搓合服務，還能從交易的資料大數據分析中獲得其他收入，如果能在良好相關規定管制下，這將會是對消費者更加有利的專業服務中間商。這也正是馬雲在之前提出「傳統電商已死！」的真正意義。

　　在可預見的 C2F 的未來，大量產業將會實施訂購制度，一來可以避免現在大量製造所產生的庫存過剩的浪費，二來可以避免過度大量製造所需要投入的高額資本。在新一代科技的支撐之下，人類將迎來下一波的工業革命，工業 4.0 的生活離我們不會太遠。

　　以全世界知名品牌運動鞋都在研究 3D 列印技術為例，在不久的未來，運動鞋可以完全根據每個人的腳型來訂製，訂製過程完全採用數位化設計，客戶可以指定鞋底的設計結構類型、運動鞋外觀的花樣等，然後透過 3D 列印方式在距離自己最近的門店取貨。這個場景並不是夢想，

已經有一些知名的運動鞋廠商都在致力於盡早實現這個場景。

　　當然，3D 列印這一類的製造技術能解決的問題非常多，不光是用來製造運動鞋。不過，從這個簡單的案例可以看到，C2F 並不是單純的夢想，而且 C2F 正在逐步接近我們的生活。

C2F 的美好願景

在 C2F 的環境下，是由消費者來驅動製造的需求，因而帶來許多美好的願景。例如：許多商品的生產可以大幅度的根據客戶個人的需求來訂製。在訂製的過程之中，也可以透過設計廠商或是生產廠商的網頁來收集客戶不同的需求，品牌廠商可以綜合考慮有興趣於特定產品的客戶意見與需求以後，再進行設計最終定稿。由於是先下單再生產的 C2F 模式，生產廠商幾乎不會有批量生產的浪費（生產壞品還是可能存在），即使有一些類似斷碼的次級品庫存，也可以透過類似 S2b2c 的模式進行清庫存的銷售。對於廣大的消費者來說，第四次工業革命的真正贏家就是消費者！

C2F 時代的消費者能享受到哪些超越現在的商品與服務？

大致可以歸納如下：

「有限數量」可選項的大量訂製化

C2F 的時代，商品的官網主頁會列出許多不同的選項，供客戶選擇，工廠會根據訂單來進行單件（或是極少量）的快速組合與生產，然後透過物流配送方式，直接送到客戶指定地址。客戶在下單之後，只需要等待生產與配送的時間，就能收到自己訂製的商品。但是所有可選項是有限制的數量，使得製造廠商得以對於原材料的採購與管理控制在有限的範圍內，避免過度發散的採購導致原材料成本升高，同時也可以避免原材料管理的複雜度過度升高。對客戶而言，這些眾多但是有限的可選項，已經能滿足大多數客戶的訂製需求。

就目前已經實現的案例來說，這個類型的大量訂製化是最可能快速普及的。在奧迪汽車的案例之中，客戶對於購買一輛汽車的可選項雖然很多，但是這些可選項仍然是有限的。又例如 DW 手錶，可選項的數量並不多樣，對於同一類設計的錶盤的可選項，主要就是錶盤金屬顏色二種、直徑三種與二種錶面的顏色，然後才是透過十種以上的錶帶材質與顏色選項，來增加手錶的整體可訂製化程度。甚至 DW 手錶設計可快速拆換的錶帶，方便客戶購買多種錶帶，自行在家更換錶帶，以便配合不同場合的搭配需求。相信類似這種「有限數量」可選項的大量訂製化模式，將會在不久的未來快速且持續的擴充到更多行業，使得客戶需求能得到更多樣化的滿足！

粉絲團集體量身訂做
經過眾志成城設計的產品成為日常的一部分

最近幾年流行「眾籌」方式，就是由創業者提出創業的計畫，再由支持者每個人以少量的投資，集體籌資來達成創業初期資金募集的目標。這是一個很好的模式，因為有創意的創業者，雖然擁有好的創業思路，但是這些創業思路不一定能吸引多金的資本投資公司，改成透過有興趣的相關大眾來進行眾籌，可以達成未來利益的公平分享，又能協助創業者實現好的創業點子。

類似眾籌的集體籌資概念，有另外一種集體設計的概念，就是「粉絲團集體設計」。設計者透過發表設計產品的概念後，蒐集對於這類商品有採購興趣的粉絲各種對於正在設計中的產品的需求，然後融入到設計者的新設計產品之中。一旦設計完成、投入製造後，不用擔心設計者是否只能孤芳自賞，因為這個產品設計是透過粉絲團集體設計，粉絲們一起提出想法與對這個產品的需求，再由設計者根據自己的專業加以整合後推出的設計產品。

「打鐵仔 (www.patya.com.tw)」就是利用臉書粉絲團推廣自己設計的家具品牌，並且對於自己的設計在粉絲團廣為徵求意見。實際上，設計者也從粉絲的反饋與意見之中，發現一些自己沒有想到的好點子，在產品生產之前增加到設計之中。而這些粉絲也得以有機會把自己想要的訂製化功能，讓創作者加入到粉絲集體創作的產品。在互動的過程之中，也是非常有意思的客戶體驗過程！（案例引用自《天下雜誌》2019年1月工業 4.0 專刊）

幾乎沒有浪費的生產模式

傳統的工業 3.0（即現有的主流生產模式，相對於工業 4.0，將之稱為工業 3.0）製造模式，是採用大量生產的設備為主，以批量生產的方式來進行生產。由於高速自動化生產設備的單位時間生產效率很高，來降低生產每一件產品的成本。在這種模式之下，原則上單次生產批量越大，單位生產成本就會越低。所以每個工廠管理單位都希望盡量在合理範圍內，加大單一批次的產量，因此每個品牌的產品規格越是多樣化，不論需求有多少，分散到不同規格的產品之後，不可避免地會使每個產品需要排產的相對批量就會越小。同時，會有另外兩個問題發生，首先對於工廠來說，供應鏈計畫部門的生產需求資訊來源，是業務部門或是經銷商的銷售預估，這些資訊透過層層傳遞後會發生一定程度的「長鞭效應(Bull-Whip Effect)」，也就是說由於各地經銷商或是業務部門的預估偏差，在層層上報傳遞的過程會被累積與放大，造成一種銷售預估的錯覺。

例如：夏天要到了，啤酒公司的經銷商、業務部門都想要增加銷售預估，但是啤酒公司的產能是固定的，因此所有經銷商與業務部門都會把自己的銷售預估數量加大一些，以便缺貨時，自己單位按照訂貨比例可以分配到的啤酒數量能夠更多一點。這個結果經過幾次累積以後，可

能會被放大，因為越是缺貨，所有經銷商就越想加大銷售預估的數量，結果就是連續這樣操作幾次之後，供應鏈計畫部門會以為市場上真的大量缺貨，於是安排連續的大批量生產，然而，到那時候可能夏天的旺季已接近尾聲，才發現夏天過去之後剩餘大量庫存無法順利出貨。位於供應鏈資訊傳遞最尾端的供應鏈計畫部門，在旺季前後所看到的資訊，由於層層傳遞被放大了許多倍，而位於供應鏈銷售預估資訊最前線的經銷商與各業務部門認為，他們只是微微增加了一點銷售預估需求量。這樣的結果極為嚴重，啤酒的保存期限有限，如果旺季結束仍有很高的庫存，會使得部分啤酒可能面臨過期的壓力，甚至最終導致市場上為了減少過期庫存損失，而發生低價倒貨的種種價格破壞等行為。這就是典型的長鞭效應。在供應鏈需求資訊的最前端（客戶端）輕輕揮動著鞭子，可是在供應鏈資訊傳遞的最尾端（供應鏈計畫部門）面臨的結果，卻是非常大的擺動幅度，與高速變化的需求與預估數量的巨大誤差。

上述的啤酒公司案例，就是著名的「啤酒遊戲」，出自彼得‧聖吉的《第五項修練》一書（天下文化出版社，1994 年）。相信許多從事供應鏈計畫相關工作的讀者，都曾經感受過受制於資訊不通暢導致長鞭效應發生的嚴重後果。從宏觀的角度來說，現代化的供應鏈管理系統與管理制度已經大幅度降低了長鞭效應，但是在微觀的角度來說，部分非主流產品（部分 C、D 類產品）或是新品上市時，長鞭效應還是屢見不鮮，只是這些產品的總體銷售量較小，即使發生銷售預估偏差的百分比較大時，所佔的總庫存量還是比較小的，只能找尋各種方式去做好清庫存。

全面進入 C2F 時代之後，情況就會有很大改變！首先，由於製造的需求直接來自於消費者，而且是消費者明確的訂單（可以假設都已經付費）。因此，供應鏈管理之中最頭疼的長鞭效應就會大幅度降低，甚至在管理良好的 C2F 供應鏈體系之中被消弭於無形。德國奧迪汽車就是採

用先訂製再生產的模式,生產計畫安排時,生產線與整個生產排程計畫面對的是相對接近靜態的明確需求,由於客戶已經下單付款,生產廠商就合同的角度來說是已經收費,對客戶還「欠」產品的交付,所以只要負責把訂購的產品按照規格生產,及時交付就可以了。

C2F 的挑戰

C2F 既然有這麼多優點,從德國在 2013 年提出工業 4.0 標準以後,為何直到今天大部分的工廠還是維持在工業 3.0(以批量生產的自動化技術為主),而沒有變成工業 4.0(以大量訂製化的極小批量與數位化供應鏈管理技術為主)的工廠?甚至有很多工廠仍停留在工業 2.0~2.5(以人工為主的流水線方式進行大批量的生產為主)的標準?

工業 4.0 是一個很高端的標準,現有工廠與商業模式在朝向工業 4.0 標準改變的過程,還缺少足夠的技術累積與系統更換的時間。即使以發布工業 4.0 標準的德國來說,也仍然處在主流製造品牌都在從事向工業 4.0 的標準進步的各種升級轉型工作之中,還沒有完成全面的工業 4.0 改造。本書所提出的奧迪汽車案例,也同樣持續在改變與進化當中。即使在德國,仍有很多製造企業還沒有做出對工業 4.0 改變的調整。

不論是工業 4.0 也好,大量訂製化也好,目前究竟遇到哪些製造技術升級方面的挑戰?筆者認為主要有以下幾點:

智慧工廠技術尚未全面成熟

智慧工廠的技術相當複雜,牽涉到幾個不同的層面。首先是供應鏈的結構需要發生徹底且結構性的改變,因為原來供應鏈上不同層級的零部件製造商都是以批量製造思路為主建立的,現在突然要改為全面的、大量的訂製化,並非單獨一家製造公司改變就能做到,而是需要整個供應鏈上的所有夥伴都能同步做出能互相連接的、能適應大量訂製化生產模式的改變。

其次是供應鏈夥伴之間的關係與資訊交換的方式需要重建。為了便

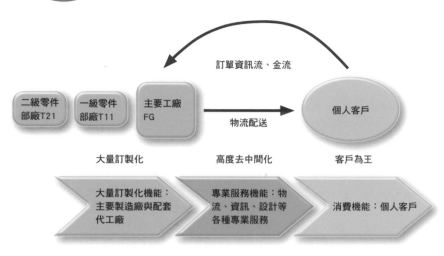

▲ 4-4：C2F 多層次的供應鏈關係圖。本書作者原創整理。

於即時回應客戶訂單訂製化的每個需求，客戶所訂購的 FG 成品製造公司（以下簡稱：FG），就需要盡量降低自有的零部件庫存量，同時做好即時資料連線與交換，才能跟 FG 的上游第一層供應商 (T11) 可以供貨的成品數量（T11 的成品就是 FG 公司需要的零部件）即時溝通、保持資料的即時性與一致性。如果這個供應鏈比較複雜，則可能 T11 供應商還需要向其上游第二層供應商 (T21) 做好即時的可供貨資訊的連線，如此類推。在整個以 FG 製造商為龍頭的供應鏈網路之中，會牽涉到非常大數量的不同層級的供應商，而且針對 FG 製造商的不同成品，可能會有完全不同的一大批供應商群。

　　因此，以 FG 製造商為龍頭的供應鏈網路裡，大多數公司都需要進行大量訂製化的全流程與系統的改造，同時這些 T11 供應商、T21 供應商等本身也會有除了 FG 以外的其他下游工廠客戶，對這些第一層、第二層供應商來說，只是為了一家 FG 製造商做出自身進入 C2F 製造模式的改造是否划算，會是一堆相當複雜的問題，需要整體市場的改變才能

逐次推動。

供應鏈計畫的資訊系統也要全面改變

其次,供應鏈計畫的資訊系統也要發生全面的改變。由於需要安排生產的模式,由大批量改為小批量,甚至單一件的訂製化生產,整個排產的邏輯、模式與排產相關系統、庫存管理方式等,都會發生根本性的變化。

在大批量生產時代,由於每天需要排產的批次數較少、工單 (Work Order) 數量較少,目前許多公司的供應鏈計畫部門人員,是以人工+Excel 表格方式來計算排產即可滿足需求。而在大量化訂製的模式之下,必須要有好的供應鏈管理資訊系統來輔助,一邊快速接收銷售預估需求的各種數據更新,另一邊針對客戶已經下單的資料做快速的智慧型運算,驅動即時的原材料採購、生產排程、原材料揀貨,與供料到生產線等的工作。對於一些以工作站型式組成的複雜機械零部件生產廠商來說,由於排產牽涉到多個工作站的不同組合與時間安排,甚至需要引進「先進製造排程系統 (APS: Advanced Production System)」等功能才能即時、動態、快速的調整排產,並且指揮原材料倉庫給予準時的供料。如果想要提升客戶訂製化的體驗,FG 製造商還需要完整且先進的系統來維持與客戶下單之間的關係,並能提供不間斷的客戶體驗。目前來說,想要滿足客戶端不間斷體驗,又可以完全整合製造工廠、跨工廠、跨國界工廠,以及與客戶端社交媒體完全即時連接的供應鏈 +「新零售」管理系統,必須同時滿足工業 4.0+「新零售」的雙重高標準。基本上,都是類似 SAP、JDA 這些主流的大型軟體系統供應商所提供的供應鏈管理 +ERP 系統才能達成。因此,就連軟體系統公司也都還在朝向 C2F、工業 4.0,以及「新零售」的各種全新的需求改變與進化之中。

當然更多的完整功能，還在持續地跟工廠內部的自動化設備與自動化控制系統、自動化物流系統進行更深入的整合之中。例如：福斯汽車（奧迪汽車的關係企業）為了配合大量訂製化生產，對於零部件庫存提出了比「按順序揀貨 (Pick by Sequence)」更加嚴格的「按順序儲存 (Storage by Sequence)」（筆者按福斯汽車在 Youtube.com 自行發布有關其工業 4.0 的影片所陳述）。從生產排程與原材料揀貨的原理來看，想要採用按順序儲存就必須先對整車的生產計畫排產完畢，再按照一定的順序來對特定的零部件生產（自製零件）或是收貨（外購零件），然後在每個零部件上架時，就根據生產排程的順序安排好庫存的順序位置，這樣在供貨時只要按照順序揀貨即可。可見福斯集團（包含奧迪汽車）的整個生產計畫與入廠物流計畫，已經是完全按照大量訂製化的方式，從供應鏈模式、思考邏輯、供應鏈系統、自動化物流系統都進行了高度的整合。數位化供應鏈做到這個程度實在少見，這也正是工業 4.0+物流 4.0 的典範案例之一！

工業 4.0 的相關技術仍在快速成熟的過程中

工業 4.0 既然能稱為第四代工業革命，完全超越大批量的自動化製造的工業 3.0 標準，當然是應用了許多全新的概念與技術。由波士頓顧問團公司 (BCG: Boston Consulting Group) 所提出的「工業 4.0 九大技術支柱」中，就提到下列九大類型的全新技術是想要升級到工業 4.0 所必須考慮與應用的：

● 大數據的分析與應用
● 模擬技術
●AR 擴充實境

- 垂直與水平的系統深度融合
- 自主化的機器人
- 物聯網技術
- 電腦系統安全管理
- 雲端計算
- 增量製造（3D 列印）

　　上列這九大類型工業 4.0 支柱型技術都具有相當大的深度與難度，任何一項新技術都是一個巨大的挑戰，並非一個傳統工業 3.0 的自動化大批量生產型態的製造商可以輕易掌握的。因此，C2F 的生活能真正提供給廣大的消費者享受與體驗，確實還需要一點時間，但是現在技術正在快速的演進，預計不會讓消費者等太久。

C2F 時代企業面對的壓力與機會

在「新零售」已經大量進入我們的生活，C2F 時代快速來臨之際，既然品牌廠商有機會去中間化之後直接面對消費者做生意，是否表示品牌廠商就可以高枕無憂了？結果恰恰相反！因為在「新零售」時代，品牌廠商面臨的競爭者可能來自跨界，而且每個品牌廠商在「新零售」環境之下，大公司與小公司對消費者來說沒有太大差別，真正的差異化來自於「新零售」企業能夠提供良好的客戶體驗的能力。所以這是一個競爭機會與競爭威脅並存，而競爭環境更加高度透明，競爭者之間消長更加快速的時代。

「動態競爭」可能來自意想不到的方向

高速競爭的時代不會等人，競爭的速度恰好與資訊流通的速度一樣快！一個新的網紅、一條新的新聞都可能立刻改變市場上善變的新一代消費者的購買決定。而給「新零售」企業業者帶來更大壓力的，是新一代的競爭可能來自完全意想不到的方向。在傳統的競爭理論中，有明確的競爭廠商（至少大部分競爭者是明確的），每個廠商都可以透過分析後明確自己的競爭對象，並制定相對應的競爭策略。然而，在「新零售」與工業 4.0 這些新一代的零售與工業革命浪潮衝擊之下，競爭可能來自完全無法預估的新進廠商。

以 DW 手錶為例，原來掌握時尚手錶最大市場佔有率的品牌，多年以來都是 Swatch。斯沃琪集團更同時擁有多個知名的高檔手錶品牌，包含：寶璣 (Breguet)、寶珀 (Blancpain)、雅克 · 德羅 (Jaquet Droz)、格拉蘇蒂 (Glashutte)、歐米茄 (OMEGA)、浪琴 (Longines)、雷達 (Rado)、天梭 (Tissot)、凱文 · 克萊 (Calvin Klein)、雪鐵納

(Certina)、美度 (Mido)、漢密爾頓 (Hamilton)、飛菲 (Flik Flak) 等。其中，Swatch、凱文 · 克萊都屬於時尚品牌的手錶。如果採用傳統競爭理論來思考，斯沃琪集團已經佔領了手錶品牌價格的高階、中階、低階所有的區隔，應該很少有公司會向一個佈局完整、利潤又高的大型集團發起挑戰。（這也是過去二十多年米手錶業界的實際情況，幾乎沒有新的大型廠商進來挑戰斯沃琪集團的地位。）但是 DW 手錶一出現在市場上，採用社交媒體直接面對特定的客戶族群，以亮麗的照片提出 DW 所提倡的「可負擔的輕奢 (Affordable Luxury)」，瑞典年輕小夥子 Filip Tysander 竟然在短短幾年內，以完全非手錶行業內的立場，利用「新零售」銷售模式，透過社交媒體直接觸及全世界的客戶，在全新通路打下了一片江山，而且到今天仍保持沒有融資過一分錢，百分百由 Tysander 持有全部股份。可見在「新零售」的經營環境中，任何行業都不是可以坐等未來的，動態競爭的壓力隨時存在，如果不進則退！隨時可能會有全新的競爭者進入我們不曾思考的市場區隔，展開全新的競爭。高比例商品進入 C2F 供應鏈模型的「新零售」世界即將來臨，所有的企業都需要做好準備。

也許有些人認為這個案例純屬巧合，但是已經有太多跨界競爭成功的案例在警惕著我們。例如：即時通訊 APP 的興起，使得電話業務的收入大量減少，電信公司主要的收入，只能來自提供移動頻寬與在手機裡面加上一些增值業務。曾經通話收入（尤其是跨區漫遊費與國際電話費）是電信公司最大的收入，如果沒有做好前瞻性的準備與政府規定專營的保護，相信很多電信公司都已經被新的競爭者大量取代了，因為通話收入不再是客戶願意大量付費的項目了。近日，在中國大陸的中國石化突然宣布進軍咖啡市場，把咖啡產品引進旗下加油站的易捷便利店進行銷售。易捷便利店遍佈全中國大陸的門店，給剛剛在美國上市的瑞幸咖啡 (Luckin Coffee) 的市場占有率投下一顆震撼彈。從動態競爭理論的「資

源相似度 (Resource Similarity)」來分析，瑞幸咖啡需要的關鍵資源之一，是分布在客戶聚集區域的眾多網點，以便能快速獲得訂單並且進行短途的配送。中國石化旗下的易捷便利店，也擁有網點眾多與人群聚集的相類似資源，因此競爭可能來自一個從來沒有投入過市場，但是具備豐富相似的關鍵資源的潛在競爭對手。

陳明哲教授提出的「動態競爭理論」之中，很大程度地補充了 Michael Porter 傳統競爭理論主要基於優勢資源來從事競爭的不足部分，其中特色就是強調了競爭公司之間的「不對稱性」。簡單的說明，就是小公司擁有類似豐富資源的話，也可以在選定的市場區隔裡，跟市場上原有的大公司進行有效的競爭。像是中國大陸的「傳音手機」，就因為關注到非洲當地的環境與當地人們的需求，加強了拍照的曝光度，使得黑色皮膚的非洲人士也能輕易地拍出好看清晰的照片（作者註：普通照相機測光表是以灰度 18% 做為測光標準，因此膚色偏黑的話，以普通的測光方式會使得膚色偏黑的臉部無法獲得足夠的曝光），同時針對非洲的訊號不佳、電力不穩定、喜歡唱歌跳舞等需求，研發了四卡四待（可以裝四張 SIM 卡，不論到哪裡有一個基地台就能通話、上網）、大電量電池超長一週待機、大音量喇叭，以便非洲人士載歌載舞的大型手機。這款手機在非洲打敗各家高檔手機，一炮而紅，已經安排在深圳上市。

在「新零售」經營環境日益激烈競爭的今天來看，由於一般性製造技術的普及與工業 4.0 技術的革命性變化，大部分的製造技術門檻很容易被打破。例如：蘋果智慧型手機的技術功能已經被大部分主流的品牌所追上，距離 iPhone 4 在 2014 年發布至今才六年。可見在「客戶為王」的時代，只有抓住客戶需求才能致勝。當前跨界創業的門檻更形降低，「動態競爭理論」已經成為競爭分析的主流。

　　在此，筆者想要提醒所有傳統零售行業的是，「新零售」的競爭可能來自跨業的競爭者，這是所有現在名列前茅的大型零售企業都需要考慮的重大競爭因素！

把線上線下湊在一起
無法打造成功的「新零售」

　　同時，「新零售」企業的特色是在消費者面前，由於線上線下聯合的全通路經營結果，消費者經常不容易區分「新零售」企業實體的大小，因此在「新零售」時代的競爭透過線上線下一體化、「客戶為王」的思路來經營時，不見得大企業就擁有更多優勢。例如：在中國大陸的家樂福量販店曾經在 2017 年設立自有的電商部門，並且結合最後一哩的配送外包公司「京東到家」來從事線上＋線下的競爭，提供「一小時到家」的服務，甚至擴充到與中國大陸月活躍流量最大的外賣平台美團外賣合作，藉著美團既有的客戶基礎與月活躍客戶數來衝業績，但是並沒有在線上的通路獲得明顯的增長，加上線下的部分生意，也因為「新零售」的競爭不斷地流失，最終導致了 2019 年被蘇寧收購的結果。

　　檢視整個家樂福中國區引進「新零售」（O2O 到家服務模式）的過程，不能成功轉型的原因，並不在於家樂福中國區的線下門店所處位置、客戶來源、商品組合有非常大的問題，因為家樂福中國區也曾經創造輝煌的業績，線下門店的位置也都處在交通要衝，購買的人流也曾經非常多。真正讓家樂福中國區轉型「新零售」未能成功的原因，還是在於總體的經營策略思路、業務流程、資源投入、組織架構等，都維持在原來線下賣場的型態，僅透過成立電商部門、開發手機 APP，結合 O2O 配送的外包公司，就認為轉型「新零售」的步驟已經完成。實際上，由於組織架構、人才、考核制度、內部相關的流程幾乎沒有改變，高階與中階的經理人沒有經過「新零售」的總體策略洗禮，因此發生即使採用了最高月活躍客戶數的合作夥伴美團來進行訂單引流，也沒有發揮明顯的集客作用。

筆者建議傳統零售業者在轉型「新零售」的過程，必須重新思考、規劃，並執行讓傳統零售企業能真正改頭換面，成為「新零售」企業的全新策略、組織架構、人才培育與考核制度等，才能使得線上線下真正達成一體化運作，展現出「新零售」企業的真正績效！

高度數位化的供應鏈管理仍在高速演化中

上述這些高度數位化整合的供應鏈，與線上線下一體化的經營模式，不僅供應鏈的模式與過去傳統製造業有結構性的巨大差異，同時牽涉到供應鏈管理、物流管理與製造執行系統等的多個複雜系統都需要做出改變。可見這些改變需要的是先有明確的方向與計畫，然後才能透過多個專案的改善，逐步走向全新的工業 4.0+ 物流 4.0 的生產方式，全面滿足 C2F 的未來消費模式。

總體來說，全世界的頂級顧問公司也都在提出自己最新的想法，不斷協助想要加入 C2F 模式升級轉型的企業做好相關的規劃，一步一步地走向未來的全新供應鏈與物流體制，以便在「客戶為王」的時代保持自己的競爭優勢。

在下一章，我們就來分析與探討如何建立「新零售」的策略規劃與相關作法。

第5章
新零售的策略規劃架構

　　不論在東方或是西方，在線上的傳統電商快速佔領市場之後，許多線下門店生意紛紛敗下陣來並發生倒閉或出售，而在十幾年的光輝歲月之後，傳統電商也進入瓶頸期，「新零售」已經成為新一代零售行業的主題，動態競爭的「非對稱性」動力，又能使不同大小的公司藉由資源相似性，以及使用「新零售」的相關技術，進行各種跨界競爭。對於零售行業來說，企業經營的競爭環境很難分析釐清，競爭與生存的壓力空前巨大。筆者在接觸不少零售企業、品牌公司的過程中，發現企業雖然有心從事「新零售」的分析與變革，但是由於各種報導紛呈、各種 O2O 模式、「新零售」模式說得天花亂墜，又眼見許多虧損案例的警惕，零售企業想要落實分析如何進行「新零售」的升級與轉型，卻很少能找到真正有用的清晰策略指引，使得諸多業者不得其門而入。因此，有必要針對「新零售」時代的策略規劃架構，做出系統性的檢視與研究，以便能在「新零售」時代掌握這個快速變化潮流的契機。

　　同時，為了使「新零售」企業的相關策略更易懂易讀，筆者採用傳統企業策略的機能分析，並說明根據個人在「新零售」行業工作與數位化供應鏈相關的實戰經驗，提出如何把非數位化、傳統零售的企業，一步步地轉型成為「新零售」企業的相關策略規劃方法與步驟。

新零售的關鍵技術與策略架構

傳統零售部門機能 V.S. 新零售策略構面

　　在傳統的製造型企業管理中，經常以「五管」：產、銷、人、發、財（分別代表：生產、銷售、人事、研發、財務），五種主要的一級管理部門，做為管理機能的主要思考框架。如果暫時不去檢視各種行業都具備的兩

大共同管理機能：財務、人事，我們可以根據現代化的企業管理機能（本章定義為必須具備資訊化能力的企業），來重新定義「新零售」行業與新製造行業共同的三大必要機能：

1. **「行銷管理」機能**：在本章節之中，行銷管理機能包含傳統的行銷部門與銷售部門所有機能。這是任何企業都需要建立的部門，以便管理企業的銷售與行銷的活動，進而推動業績收入的擴大與增長。

2. **「數位化管理」機能**：在本章節之中，數位化管理機能包含了常見的資訊管理部門或IT部門，同時也包含了現代大量應用IT技術的流程改造部門等相關機能。

3. **「供應鏈管理」機能**：在本章節之中，供應鏈管理機能包含了供應鏈全流程：設計、研發、採購、製造（與相關入廠物流、廠內物流）、交付（與相關成品物流）、售後服務與逆向物流等部門。如果「新零售」企業主要經營賞賣業不包含製造機能，則在本章節之中供應鏈管理機能定義，除去製造機能，以及與製造機能相關的入廠物流、廠內物流之後，仍然適用於本書的後續策略規劃討論框架。例如：生鮮超市除了生鮮處理中心可以視為具備一定程度的製造機能以外，並沒有製造型企業的工廠等單位，但是同樣適用於本書後續分析的策略規劃。

早期很多企業不需要設置資訊管理或是IT部門，因為根本還沒有導入系統化運作，因此「五管」之中不包含資訊管理部門。當然現在也還有一部分企業屬於數位化程度較低的，也沒有設立資訊部門，如果想要進入「新零售」領域從事競爭，則數位化機能絕對是必須設立的。

做為資訊化企業主要的三大機能部門，這三大機能部門的實力往往

可以決定企業的成敗。因此，在公司的年度策略規劃會議中，一般都會包含這三大機能部門的相關策略議題，進行綜合的策略規劃討論。因此，我們先把這三大企業機能部門，做為討論企業進行「新零售」升級轉型策略規劃的基礎。

相信許多零售業者都會發現，進入「新零售」時代之後，即使零售企業已經具備了高度資訊化的管理能力，如果單純思考這三大管理機能，還是覺得無法充分掌握與應對「新零售」企業需要的各種策略挑戰，還很容易陷入「新零售」企業在策略規劃上的被動位置。根據這三大機能來做為策略規劃的基本元素，老是覺得不能得心應手、揮灑自如。即使規劃出來之後，也往往產生許多各種流程不順暢問題、空白流程無人解決、現有資訊系統不能充分支持客戶需求、線上線下庫存不一致、費心設計好的流程其實客戶不滿意等問題。

或許有些人認為，是沒有充分採用最新的各種「新零售」、「新製造」（工業 4.0+ 物流 4.0）等新技術的緣故，真正的原因並非如此。反觀許多面臨巨大虧損的「新零售」企業，其實大量採用了一些先進的新技術，但是仍然面臨鉅額虧損與經營困難。以中國大陸生鮮電商行業自 2015 年大量興起以後，至今三年有餘，而生鮮電商的總體滲透率仍然僅僅只有 7.9%（數據引用自易觀：「中國生鮮電商行業年度綜合分析 2018」www.analysis.cn），遠低於傳統電商的滲透率 69%+ 來看，這樣的現象並不能單純以數位化程度不夠、缺少使用新技術、生鮮電商供應鏈成本偏高、「新零售」就是需要燒錢等，這些直覺的判斷來做為在策略思考上的最終分析結果。只能說目前的「新零售」行業仍有更大的進步空間，而想要徹底克服現有問題，並真正提升「新零售」行業的滲透率普及，除了資金投入、新技術的深度應用，更重要的問題，在於建立「新零售」行業的「廣義新零售策略」思考框架！

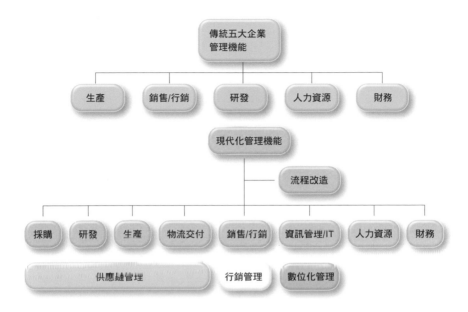

▲ 5-1：傳統企業的五大管理機能，與資訊化企業管理機能轉型示意圖。
本書作者原創整理。

傳統零售業部門機能

- 數位化管理：數位化管理以POS系統、ERP系統為主。對於移動終端與網際網路的能力較少涉獵。

- 供應鏈管理：傳統零售業的供應鏈管理基於穩定的多層式供應鏈網路設計，供應鏈網路物流配送的終點是線下門店。不需要具備可以大量送配給個人客戶與多通路的能力。

- 行銷管理：傳統零售業的主要訴求是設法吸引客戶到線下門店來購物，客戶體驗受到物理空間的限制。也因此在傳統電商崛起之後，大量線下商機被傳統電商線上下單方式搶佔。

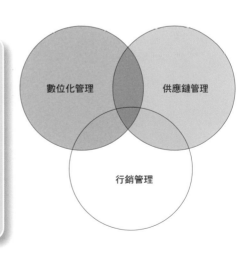

▲ 5-2：資訊化企業的三大核心機能部門：行銷管理、數位化管理、供應鏈管理。
本書作者原創整理。

	年代	關鍵技術	主要發明	管理機能	特徵
工業 2.0	1870-1970	電力、生產線管理	內燃機、發電機、電話機和飛機	傳統管理學五大機能（五管）：產、銷、人、發、財	電力與生產線管理技術使得工廠可以更加小型化，且生產效率更高。
工業 3.0	1970-2011	資訊科技、供應鏈管理	原子能技術、航太技術、電子電腦、人工材料、遺傳工程、網際網路等	必須在五管之外增加：資訊部門（或資訊管理部門）	運用資訊科技與供應鏈管理結合，使得生產相關的全供應鏈達成最佳化，進一步降低企業成本與供應鏈管理風險。
工業 4.0	2011-未來	工業 4.0、物流 4.0、行銷 4.0、大量訂製化生產 (Mass-Customization)	虛實融合系統、物聯網、大數據分析、人工智慧、無人工廠等	「新零售」行業需要增加：客戶體驗管理部門。需要升級到：高度數位化供應鏈管理、精準行銷	4.0 時代各領域都需要高度虛實融合，各部門人才都需要資訊科技知識做為基礎，才能進一步學習在 4.0 時代的虛實融合環境下更好的發揮才能。

▲ 5-3：工業 2.0 到工業 4.0 時代的推進。本書作者原創整理。

表 5-3 的第一、二列顯示了從工業 2.0 的時代（五管：產、銷、人、發、財），進化到工業 3.0 的時代（六管：五管 + 資訊管理）的主要管理機能變化，在於新增了資訊部門，以及所有企業的大量資訊化過程。自從德國提出工業 4.0+ 物流 4.0 的第四次工業革命理論之後，美國的行銷大師菲利浦・科特勒也在 2016 年提出《行銷 4.0》，再次確認了 4.0 世代的來臨。雖然「新零售」已經形成了革命性風潮正在大量衝擊著零售行業，但是目前多數零售企業都處在資訊化管理的 3.0 世代。

在「新零售」時代，策略思考的架構，首先面對的問題是這些主要的管理機能不能根據 4.0 世代基於高度資訊化升級之後的虛實融合大趨勢，來進行再次升級？顯然除了 3.0 世代的高度資訊化之外，所有的機能部門都需要在 4.0 世代進入既懂高度資訊化管理，又懂「客戶為王」

	管理機能與策略構面	案例	案例特徵
工業 2.0	五管:產、銷、人、發、財	西裝、旗袍是手工訂製為主。	只有高收入人群可以買得起手工訂製西裝、旗袍。
工業 3.0	六管：五管 + 資訊管理	批量生產的名牌西裝、旗袍出現，手工訂製西裝、旗袍成為極少數。	多數人都能買得起批量生產的西裝、旗袍。
工業 4.0	高度數位化供應鏈管理、精準行銷、客戶體驗管理、組織與人才培育（廣義新零售 3+1 策略構面）	大量訂製化生產的西裝、女裝可以在網路、手機 APP 上直接訂購。每件都是量身訂製，但是價格比以前便宜許多，跟批量生產差不多，未來可能還會比批量生產更便宜。因為減少了預估批量生產賣不完的浪費。	多數人不但買得起西裝、女裝，而且多數的正式服裝都是可以平價訂製的。

▲ 5-4：工業 2.0 到工業 4.0 時代在管理機能、策略構面和案例的對照。本書作者原創整理。

貼心服務的「新零售」之道這樣的新境界。因此，我們可以確認在 4.0 世代，所有部門都要懂資訊化，而且是把資訊化當作理所當然。對於 90 後的新生代來說，把資訊化的技術當作是生活中的理所當然，一點也不難。難的反而是做為管理階層的老闆們（特別是生於 70 年代之前的這一批主管），可能還錯以為只有資訊部門的人需要資訊專業即可。

在 4.0 世代的機能與策略構面，顯然必須所有部門都是高度以「客戶為王」加上高度資訊化為標準！因此，筆者提出「廣義新零售 3+1」四大全新策略構面，做為 4.0 世代的「新零售」策略分析框架，請參閱表 5-4。

依據表 5-4 所列出的「廣義新零售 3+1」四大全新策略構面，包含：高度數位化供應鏈管理、精準行銷、客戶體驗管理、組織與人才培育，全部都涉及高度資訊化的內涵，如果忽略這一點，則根本無法正確考慮「新零售」的策略規劃。其次，這四大策略構面都是基於「客戶為王」

的核心理念所設計，顯然數位化供應鏈是個人客戶可以移動購物的基礎，精準行銷要求的就是服務好個人客戶的量身訂製化需求，而客戶體驗管理，就是在數位化供應鏈可以高度配合客戶需求達成任務的標準下，藉由精準行銷的大數據分析、個性化推播促銷資訊等方法，提供個人客戶多通路、無縫連接的完美客戶體驗。

在過去工業2.0的時代（1970年之前），男士西裝和女士的正式服裝需要向裁縫師傅訂製，手工製作的價格相當昂貴，只有高收入族群才能負擔，有許多人一生只擁有一套西裝，是為了結婚而訂製的。在3.0世代，批量生產的名牌服飾大量出現，西服（男／女性正式服裝）師傅的生意一落千丈，講究手工訂製西服的高收入人士，當然可以繼續堅持，但是價格實在比批量生產的西服「高貴」很多。到了4.0世代的新技術，使得擁有訂製西服成為普及的事實，許多採用工業4.0新技術的大量訂製化西裝，已經可以接受客戶在電商平台或是手機APP上進行訂購。這些4.0世代的西服品牌將派人對客戶進行量身（或是客戶到店量身），然後把一切複雜的打版與生產工作，交給具有人工智慧打版能力，與人工智慧供應鏈計畫能力的4.0世代系統，進行快速有效率的量身訂製、快速配送到家等服務。尤有甚者，這樣的量身訂製西服價格，竟然可以跟批量生產的名牌服飾保持在同樣的價位！在未來更加普及之後，由於去除了批量生產採用預估生產的多餘成品材料浪費，可能單位價格會比批量生產更形下降。（請參閱第六章P.165，報喜鳥西服使用SAP系統進行大量訂製化生產案例。）

雖然在「客戶為王」的高要求標準下，「新零售」企業需要進行充分的融合，並發揮高度的效率與效益。但是藉由4.0世代的新技術，「新零售」企業可以有充分的能力與方法來提升與改變，從3.0世代的高度資訊化、自動化批量生產等技術，升級到4.0世代的新技術，以便能

新零售策略構面

高度數位化供應鏈管理：優秀的新零售企業必備策略武器，高度客戶滿意+單位成本下降的神奇魔法來源。

精準行銷：基於高度數位化+客戶大數據的結果，採用精準投放社交媒體的方式來完成與個人客戶的超細顆粒度觸及與連續記錄。

客戶體驗管理：客戶體驗是指人、貨、場的組合給客戶帶來的綜合體驗與效益，並且聚焦從客戶的視角來分析。客戶體驗管理是體現客戶價值的管理方法，主要是檢視、保障新零售企業的供應鏈的服務能力可以確保所有行銷訴求完整地被實現，且能使客戶確實感受到這些服務的效益。

組織與人才培育：新零售企業成敗關鍵，沒有新零售的人才與正確的組織來引導，所有新零售的策略無從正確實施。

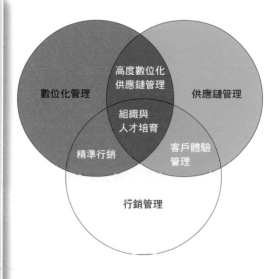

傳統零售業部門機能

數位化管理：數位化管理以POS系統、ERP系統為主。對於移動終端與網際網路的能力較少涉獵。

供應鏈管理：傳統零售業的供應鏈管理基於穩定的多層式供應鏈網路設計，供應鏈網路物流配送的終點是線下門店。不需要具備可以大量送配給個人客戶與多通路的能力。

行銷管理：傳統零售業的主要訴求是設法吸引客戶到線下門店來購物，客戶體驗受到物理空間的限制。也因此在傳統電商崛起之後，大量線下商機被傳統電商線上下單方式搶佔。

▲ 5-5：「廣義新零售」四大策略構面：精準行銷、高度數位化供應鏈管理、客戶體驗管理、組織與人才培育。本書作者原創整理。

充分為「客戶為王」的「新零售」時代的客戶，做好全通路零售、無縫連接的升級服務。而不是單純地引用新技術進行大量投資，或是簡單地用拼接法——把線下門店增加線上銷售服務，把傳統電商增加線下門店——就能解決。

　　想要真正做好 4.0 世代的「新零售」策略規劃，筆者提出基於「客戶為王」的「新零售」時代，綜合高度資訊化企業的三大機能部門：行銷／銷售管理、供應鏈管理、資訊／IT 管理機能來進行升級。我們可以發現，針對企業三大機能部門的交集，就能很容易找到「新零售」時代的主要機能部門，並以此三大「新零售」時代的機能，來建立新的三大策略構面：

● 高度數位化供應鏈管理 (Highly Digitalized SCM)= 供應鏈管理機能 + 資訊管理機能；

● 精準行銷 (Precision Marketing)= 行銷／銷售機能 + 資訊管理機能；

● 客戶體驗管理 (Customer Experience Management)= 行銷／銷售機能 + 供應鏈管理機能；

　　最後由於「新零售」時代新技術革命，組織與人才也需要相對應提升的重大需求，加入組織與人才培育，做為上列四大策略構面的共同核心策略，因為沒有「新零售」思維的組織與人才培育，就無法建立成功的「新零售」企業。

　　「廣義新零售」四大策略構面，現在分別說明如下：

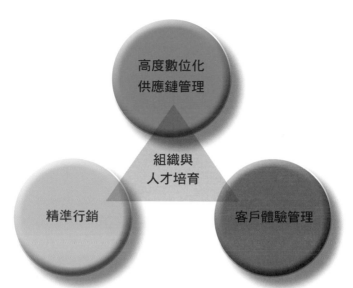

▲ 5-6：「廣義新零售」3+1 四大策略構面。本書作者原創整理。

高度數位化供應鏈管理，是由傳統機能部門的供應鏈管理＋資訊／ IT 管理能力結合的全新策略構面。數位化供應鏈管理，是指「新零售」 企業在引用工業 4.0+ 物流 4.0 標準後，建立的高度數位化管理的全新供 應鏈模式，不論是否能達到 C2F 的境界，最少需要能達成服務到全通路 個體消費者客戶的目標，在「新零售」環境下的數位化供應鏈管理，供 應鏈的產出效益是透過客戶價值來衡量，而客戶價值的評定是基於個人 客戶的反映，可以透過客戶下單的頻率、平均金額的變化、對促銷活動 的反應與客戶投訴的統計等資料，來進行客觀的觀察與分析。因此，數 位化供應鏈管理，可說是由資訊管理機能＋供應鏈管理機能能力結合的 全新策略構面。

精準行銷，是由傳統機能部門的行銷管理＋資訊／ IT 管理能力結合 的全新策略構面。精準行銷，是指「新零售」企業採用大數據分析、人 工智慧、客戶畫像、社交媒體等新技術，從事針對消費者客戶個人化的

行銷／銷售活動，剛好就是傳統行銷在高度資訊化「新零售」環境下的全新應用方法。

客戶體驗管理，是由傳統機能部門的供應鏈管理機能＋行銷／銷售管理機能能力結合的全新策略構面。客戶體驗管理指的是基於「客戶為王」的思考，「新零售」企業研究如何能設計好客戶體驗，同時又能高度地保障這些已經向客戶承諾的客戶體驗能被充分實現。由此可見客戶體驗管理顯然需要基於有效的供應鏈管理，才能保障精準行銷所答應客戶的各種服務標準（快速配送、新鮮食材、商品賣相完好、產品品質保障等），與品牌定位（例：社交媒體高度互動、各種公益活動）等承諾能持續地被實現！

第四個策略構面是**組織與人才培育**，為了使全體員工都能提升到「新零售」相關的新技術與「客戶為王」的思維上來，只有全面革新，基於「新零售」概念的組織與人才方能真正地使「新零售」企業驅動「廣義新零售」的其他三大策略構面。

訂製西服品牌「報喜鳥」使用 SAP 工業 4.0 系統，進行大量訂製化的升級轉型，我們可以試著採用上面所提出的「廣義新零售 3+1」四大策略構面進行分析，就能發現此一策略規劃架構，確實能完整且清晰的將 4.0 世代的「新零售」案例，做出綱舉目張且條理分明的精準策略分析。而此一策略構面框架，也可以被應用在 4.0 世代的各種「新零售」行業做為策略分析的完整框架。

虛實融合時代的「新零售」策略規劃

在上述的「廣義新零售」四大策略構面之外，想要徹底解決「新零售」時代的企業策略規劃問題，同時還需要歸零思考，回到基本面來檢

視現代零售企業面臨的環境因素有哪些？首先要確定在「新零售」的時代，新技術的成熟與發展，給這個時代帶來哪些對企業全面性的影響？在第四章 C2F 的願景之中，我們已經闡明了有關「新零售」時代終極的願景，就是大量的客戶改為向工廠（品牌方）直接訂購適合個人自身規格的產品。由於具備強大的搜索能力已經普及，成為人人可以輕易擁有的「計算能力」（簡稱「算力」），使得個人客戶具備直接搜索海量的品牌產品規格的能力，進而導致大量的去中間化現象發生，而這種去中間化的浪潮與工業互聯網的發展，將會導致現在的中間商角色逐漸走向消失。除了去中間化之外，引領世界走向 C2F 終極境界的工業 4.0+ 物流 4.0+ 工業互聯網三大技術，都是建立在虛實融合的技術理念上。想要深入探討「新零售」的有效策略框架，必須引進虛實融合的工業 4.0+ 物流 4.0+ 工業互聯網三大技術，做為環境分析的基本環境條件，才能真正看清「新零售」未來有效的策略。

要深入地瞭解高度虛實融合新技術為主的時代背景，需要更加深入地瞭解工業 4.0+ 物流 4.0+ 工業互聯網三大技術的內涵。首先，要說明的是工業 4.0+ 物流 4.0 是德國訂為政府的高科技策略，其核心技術雖然是有所謂的九大技術支柱，但是更深入研究德國已經發布的相關工業 4.0+ 物流 4.0 標準與論文，就會發現工業 4.0+ 物流 4.0 的核心技術觀念，在於高度引用了虛實融合系統 CPS。由於虛實融合系統可以具有 AI 的運算模組，置入在 CPS 等級的設備，工業 4.0+ 物流 4.0 的生產車間內，可以由這些 CPS 等級的工作站與自動化無人搬運車自行聯網、互相溝通工作進度與進行最佳化的連續計算，並決定每個新狀況後的下一步應該如何調整生產線，以及對生產線的原材料供給。

不妨試著想像這樣的場景：具備 CPS 等級的設備的工業 4.0+ 物流 4.0 工廠車間內，就如同是一群計算能力超快、具備高等算法智慧能力

的十至十五歲天才少年,在工廠生產車間與原材料倉庫之間,互相溝通合作、商量每一秒鐘的下一個最佳生產效率的方案。在這樣具備高度自我調適能力的工業 4.0+ 物流 4.0 的生產體系中,不論訂單的批量大小改變、訂單數的突然增減,都能透過這些 CPS 等級的工作站與自動化無人搬運車,進行快速的自動適應與應變,以及最佳化運算後得到結果。也就是基於這麼高度智慧型的供應鏈生產模式,才足以超越原來工業 3.0 的高度自動化的生產標準,使得製造企業在「新零售」時代,能以大量客製化來為客戶的各種個人化、訂製化需求,提供最佳、最快的服務,同時還能降低生產的單位成本。因此,可以說工業 4.0+ 物流 4.0 的生產體系,確實高度運用了虛實融合的概念,所以才能突破工業 3.0 的高度自動化生產,進入到下一個世代的生產技術領域。

到目前為止,工業 4.0+ 物流 4.0 的生產體系相關技術,仍在持續發展進化當中,即使是德國奧迪汽車的大量訂製化生產,被普遍認為是工業 4.0+ 物流 4.0 的世界級案例,相關技術也還沒能達成全部都基於虛實融合系統的架構。未來完全進入工業 4.0+ 物流 4.0 的製造環境,還有待人類更多的努力與更多時間才能達成。

需要補充說明的是,德國聯邦物流研究所發布的物流 4.0 定位論文 (BVL14),是把物流 4.0 定位在完全支持工業 4.0 環境下所有的物流活動,因此認為「物流 4.0 是工業 4.0 的骨幹」!相當於把物流 4.0 定位在與工業 4.0 的供應鏈管理完全平等的地位,因此有一些人提出了「供應鏈 4.0」的概念,但是本書中仍然保持採用「物流 4.0」做為 Logistics 4.0 的標準名詞。

無獨有偶地,行銷學大師菲利浦‧科特勒也在 2016 年出版新書《行銷 4.0》(中文版由天下出版社發行),深入闡述工業 4.0+ 物流 4.0 的

時代，在虛實融合觀念下，如何進行最有效的行銷活動。菲利浦 · 科特勒在書中明確定義：「『行銷 4.0』是一種結合企業和客戶，在網路和實體世界互動的行銷方式。」充分説明行銷 4.0 與工業 4.0+ 物流 4.0，都是高度運用虛實融合觀念的成果。

由上列分析可見在「新零售」的策略規劃中，最主要的環境與技術改變，就是虛實融合。基於高度數位化的各種 A、B、C、D 新技術（A: AI 人工智慧、B: Big Data 大數據、C: Cloud Computing 雲端運算、D: Device 新設備，此處的 Device 含括 IoT 物聯網 / 智慧物流網 AIoT，與 CPS 等級具有人工智慧、自適應能力的新設備的概念），以及全通路零售的多種線上通路、大量採用社交媒體的行銷方式等，無一不是虛實融合的結果。

因此，要討論「新零售」的策略規劃，首先要確立虛實融合相關新技術普及的時代背景，做為我們的基本環境因素來分析所有策略。上述的 A 人工智慧、B 大數據、C 雲端計算、D 物聯網感知器，這些新技術就像是電影「終極戰士一掠奪者」（The Predator, 2018 年上映）裡，外星人終極戰十留下來的「終極戰士套裝」，威力很大、操作方法卻超越人類日常的思維邏輯，需要天才少年來驅動，一旦深入瞭解如何使用，則終極戰士套裝便可以發揮無窮威力。更重要的是，在新技術快速普及的今天，競爭對手可能來自行業之外，萬一又帶著終極戰士套裝，豈不是由外來的入侵者打破了現有行業內競爭的格局？為了避免這種可怕的跨業競爭，「新零售」企業能不趕快自行打造適合自己的終極戰士套裝，做為策略競爭的武器嗎？

要打造適合「新零售」企業自身的終極戰士套裝做為策略武器，除了新技術之外，更重要的是「客戶為王」的概念必須貫穿整個「新零售」

企業，才能產生超越現有零售行業經營方式的真正有效策略與執行力。如果缺乏「客戶為王」的概念來引領所有的「新零售」企業策略規劃，就會使得想要修練「新零售」這門武功祕笈的企業，只練外功而缺少心訣，即使新技術練得再好，花大錢打造出新技術的終極戰士套裝，也無法達到「新零售」經營的最高境界。唯有融會貫通「客戶為王」這個「新零售」行業武功祕笈的心訣，才能真正在新技術的加持下突破現況，進行最高效益的競爭。

　　儘管現在有許多不同的報導與文章都在探討「新零售」的方法，頗令人眼花撩亂。但是「新零售」的組織與人才，也是從過去培養後提升、改造而來的，我們不難發現「廣義新零售」的策略構面比起傳統零售，雖然基於虛實融合有大幅度的提升，但人才的養成也必然是連續且相關的，人才不可能是沒有過去工業 3.0 時代的基礎，憑空瞬間出現在 4.0 世代。因此，在「新零售」企業進行升級改造的同時，還需要對於原有的人才進行培育，以便真正從企業內部推動「新零售」的升級改造。無論如何「新零售」企業經營的本質，還是做好零售服務，只是更加大幅度地需要新技術的支持，所以才導致策略構面的模式有巨大的變化。同時，唯有精簡而準確的策略才是成功之道，新技術可以很多、很複雜，但成功的策略從來都是精準、簡要、易懂才是王道。相信根據前述的 3+1「新零售」四大策略構面，每個「新零售」企業都能快速進行自我分析，並且建構完整而有效的「新零售」企業策略規劃！

第6章
新零售的高度數位化供應鏈管理

高度數位化
供應鏈管理

組織與
人才培育

精準行銷

客戶體驗管理

唯有使用符合工業 4.0+ 物流 4.0 高標準設計的「高度數位化供應鏈管理模式」，才有可能達成既量身訂製，又保證品質，還可以不漲單位成本、甚至再降低一些成本。**在客戶向工廠直接訂製 C2F 的境界，自動化物流只是標準配備，全流程數位化可以算得上是基礎建設，而高度應用人工智慧的全供應鏈計畫模組才是真正的核心大腦！**

「廣義新零售」的高度數位化供應鏈管理

供應鏈的能力是保障「新零售」企業貨能暢其流、充分達成客戶體驗的能力，也是「新零售」企業能在全通路、全場景之下，提供不間斷客戶體驗的關鍵能力。

在「廣義新零售」的定義範圍中，包含了工業 4.0+ 物流 4.0 的大量訂製化、客戶向工廠直接訂購；阿里研究院定義的以供應鏈上、中、下游為總體範圍的「新零售」；以及最早在《哈佛商業評論》提出的「全通路零售」所定義的線上 + 線下無數個不同的通路。「廣義新零售」的範圍是基於工業 4.0 全新的 4.0 世代之下，以客戶向製造企業直接訂購、直接連接品牌商與個人消費者的全新移動時代的零售模式。

為了使個人客戶能在全通路的全新產業鏈結構之下，隨心所欲地進行消費與享受「新零售」經營型態帶來的客戶體驗與驚喜，「新零售」企業需要建構一個高度數位化，且能 100% 支持線上 + 線下多通路融合行銷運作的供應鏈，才能實現「超完美的訂單履約」成果（正確、準時送達 + 客戶點讚評價）。

在「廣義新零售」的 3+1 策略構面中，高度數位化供應鏈的投入與建設絕對無法在很短的時間之內就立竿見影；即使過去企業的供應鏈管理建設已經卓然有成、效率很高，也不能瞬間就做出結構性的升級或改

變;更令人擔心的是,供應鏈管理策略經常不受老闆重視,而未能排在最優先的策略地位,導致喪失「新零售」企業的策略機先。如果「新零售」企業缺乏高度數位化供應鏈管理能力,則「新零售」的理想將淪為空談;如果企業缺少對於配合「新零售」高標準供應鏈建設的投資,則「新零售」企業即使擁有美好的「獨特價值提案 (Unique Value Proposal)」,也無從著力去建構令人驚嘆、感動的客戶體驗,最終必將失去客戶的青睞與持續購買。因此,筆者將高度數位化供應鏈管理列為「廣義新零售」3+1 策略構面最優先探討的課題。

由傳統供應鏈管理
邁向高度數位化供應鏈管理

由於「新零售」的經營型態是基於線上＋線下多種通路的高度融合方式，供應鏈的結構與傳統企業會有明顯差異。過去許多文章經常報導「新零售」創新企業各種吸引客戶關注眼光的獨特服務：生鮮食品最快30分鐘送達、3公里半徑內買菜配送到家、線上量身訂製西服10天送到家等全新的客戶體驗承諾，都是由於傳統供應鏈的主要長處在於高度自動化、批量生產降低單位成本，而缺少了大量訂製化、生產批量=1還能維持較低單位成本等，這些高難度的本領。「新零售」企業為了練就這些供應鏈的4.0世代的絕世好本領，無論之前是否重視供應鏈管理策略，都必須進行脫胎換骨的數位化供應鏈策略大改造，由傳統供應鏈管理策略，升級轉型到高度數位化供應鏈管理策略（請參見圖6-1），才能站穩「新零售」企業的馬步，達到「氣隨意走」想到就能做到；「後發先至」超越傳統零售供貨彈性限制；供應客戶於「千里之外」的高手境界！

> ### 「新零售」企業供應鏈管理的終極目標
> ### 客戶價值提升

任何具有實體商品銷售業務（不論是否包含製造機能）的企業，在供應鏈管理的終極目標是做好客戶服務，對於企業客戶而言，供應鏈的服務成果是要能夠符合Q（品質）、C（成本）、D（交期）三大標準。而對於「新零售」企業服務的個人客戶而言，則是要重視「客戶價值(Customer Value)」。在此需要特別強調，此處的客戶價值是指賣方公司的供應鏈提供給客戶的價值，而不是客戶對賣方公司的價值。

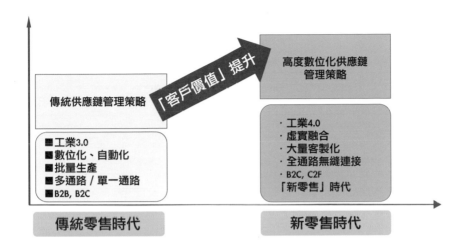

▲ 6-1：「新零售」企業高度數位化供應鏈管理的升級策略。本書作者原創整理。

客戶價值有兩個不同層次的定義方式（引用自 Martin Christopher, Supply Chain Management Fundamental）：

1. 客戶價值 = 客戶認知價值 (Customer Perceived Value) / 供應鏈總 成本 (Total Cost of Supply Chain Management)

在第一個定義中，可以看到是與產品價格高度相關的：客戶認知價值越高，則客戶價值就會越高。我們可以把客戶認知價值認為是由產品價格＋商譽溢價所組成的結果。在「新零售」時代，可以對於傳統的商譽溢價做出更精確地分析，商譽的溢價來自客戶對於「商品品質＋總體服務品質＋客戶體驗（帶有客戶主觀感受與情感的認知）」的集合。顯然，致力於提供良好客戶體驗的「新零售」企業，可以爭取客戶認知價值的更進一步提升，提供更高的客戶價值。同時，在另外一個方向上，以數位化科技來降低供應鏈管理的總成本，也同樣能體現出更好的客戶價值。

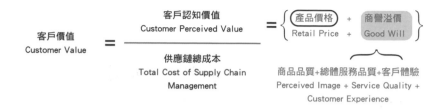

▲ 6-2：資料來源：左側公式來自 Logistics & Supply Chain Management, Martin Christopher 定義，公式右側「客戶認知價值」細分項目由本書作者提出。

2. 客戶價值 =（品質 × 服務）/（成本 × 時間）

就第二個定義來說，則是具有明顯的客戶採購成本相關的：不論是品質（主要指產品品質）提升，或是服務的提升都能形成更高的客戶價值，相對地如果整個客戶採購的總體成本下降（可以使得客戶分享到成本下降的好處），或是供應鏈反應速度的提升（時間下降），都能充分體現出客戶價值的提高。這也印證了為何客戶都希望更快收到訂單的貨物，因為客戶下單以後，供應鏈總體反應的時間（包含訂單處理、揀貨、包裝、配送）越短，就會提升客戶價值的直觀感受。

總體來說，不論是哪一個定義都在提示我們：設法提升客戶服務體驗，與真正降低供應鏈管理總成本，對於提供更高的客戶價值來說，一樣重要。因此，在制定高度數位化供應鏈管理策略時，最終必須回歸到對於客戶價值的評定，也就是說，**如果客戶價值沒有得到明顯的提升，則某個數位化供應鏈管理策略的版本就不應該被採納**。在日常管理時，「新零售」企業既然是以「客戶為王」做為經營宗旨，更應該定期以客戶價值來自我檢視供應鏈總體能力，記錄這兩個公式的相關數據，並且進行連續的每期比較，以便做為高度數位化供應鏈管理總體效益的主要

$$客戶價值\ (Customer\ Value) = \frac{品質 \times 服務\ (Quality \times Service)}{成本 \times 時間\ (Cost \times Time)}$$

▲ 6-3：採購成本相關的客戶價值。

關鍵指標。

事實上，對於仍然處於傳統供應鏈管理策略的企業，也可以根據客戶價值公式的連續記錄與分析，得知企業自身在供應鏈管理實施的過程之中是否有所提升。

高度數位化供應鏈管理能力 V.S. 傳統企業供應鏈管理能力

高度數位化供應鏈管理的重要性與必要性無庸置疑，但是由於供應鏈管理的範圍相對廣且深度大，在面對「新零售」企業的供應鏈策略思考時，相信許多高階管理者一定會提出下列幾個攸關「新零售」企業供應鏈策略的核心問題：

● 高度數位化的供應鏈管理，對於「新零售」企業真的是必要的嗎？

● 高度數位化的供應鏈管理與傳統供應鏈管理的架構上，有何區別？

● 高度數位化的供應鏈管理能達到哪些效益，是傳統供應鏈管理所不能達成的？這些能力為什麼是「新零售」企業所必須具備的？

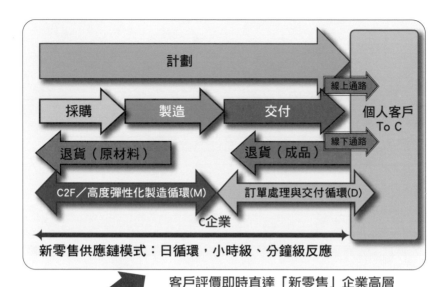

客戶評價即時直達「新零售」企業高層

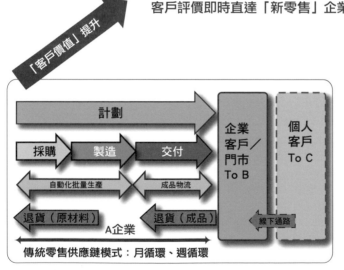

製造／零售企業高層很少直接關心客戶評價

▲ 6-4：高度數位化供應鏈管理模型 V.S 傳統企業供應鏈管理模型，本書作者基於 SCOR 模型整理、原創。

　　在「新零售」企業面臨的 4.0 世代當中，藉由工業 4.0 虛實融合的理念與技術，引領了「批量 =1」高度彈性化的大量訂製化生產技術將日漸臻於成熟，且有機會達成單位成本比 3.0 世代持平，甚至下降的驚人成果，整個供應鏈管理的理念也將會有巨大的變化與進步，這就是高度數位化供應鏈管理形成的基礎背景。但是高度數位化供應鏈管理，並不是把傳統供應鏈管理單純地直接買軟體系統進行電腦化，就能趕上 4.0 世代的「新零售」在高度數位化供應鏈管理的實際需求。同時，在「新零售」的線上 + 線下多種通路的無縫連接過程中，良好且高度一致化的客戶體驗，必須建立在高度數位化的基礎之上。因此，高度數位化供應鏈管理在「新零售」經營策略中的絕對重要性，可說是天然存在「新零售」的全通路經營型態之中，不可分割的。

　　在「新零售」的經營模式升級過程之中，最重要的改變就是企業直接跳過所有中間商把產品與服務提供給個人客戶。「新零售」的高度數位化供應鏈管理模型與傳統供應鏈管理模型，有一個最基本的差別，就是「新零售」企業的交付對象是個人客戶（原則上 100% to C），沒有企業客戶（幾乎沒有 to B）。從圖 6-4，可以發現下方的傳統供應鏈管理模式，完全基於 SCOR 模型（請參見圖 6-5）來繪製，位於模型左側的製造企業 A 交付的對象是下游企業（to B）。即使我們把傳統超市做為模型 A 企業來分析，A 企業在傳統供應鏈管理模式之下交付的對象也是「A 企業下屬的超市門市」（to B），而不像圖 6-4 的上方，採用「新零售」供應鏈模式的企業 C 所交付的對象是個人客戶（to C）。

　　兩種模式相比：採用傳統供應鏈管理模式的 A 企業供應鏈週期較長（月循環、週循環）、反應時間較慢（月、週）；採用「新零售」供應鏈模式的 C 企業供應鏈週期非常短（週循環、幾天一循環）、反應速度非常快（以小時、分鐘計算反應速度）。「新零售」供應鏈模式的週期

較短、反應速度更快，原因很簡單，因為「新零售」經營模式的關鍵在於，必須滿足客戶更快、更好、更多元化（線上＋線下、多種通路、多種場景）、更滿意的購物體驗！如果「新零售」企業的 to C 供貨模式，還停留在過去的時效（交期等待時間以幾週、幾天來計算），則根本難以吸引客戶下單。所以「新零售」企業建立高度數位化供應鏈管理模式的快速供貨能力，是絕對必須的，否則難以自稱為「新零售」企業。「新零售」企業對於高度數位化供應鏈管理的策略優先序必須高度重視，並積極研究與投資，否則將會缺乏用於「新零售」時代競爭的決勝策略武器！

在 4.0 世代的高度數位化供應鏈管理的標準之下，要求的目標是全供應鏈數位化的最高境界。首先，產品的設計必須完全數位化，不僅只是使用產品資料管理系統 (PDM: Product Data Management)，還必須使用完全數位化的設計系統，進行產品研發設計全過程的管理。例如本章案例「報喜鳥西服」，從 3D 量身尺寸轉換成 2D 的布料版型設計圖，就是根據人工智慧大量學習不同製版師傅設計的結果，才能在幾秒鐘之內，提供生產線雷射切割機根據電腦產生的版型進行自動化切割。目前汽車、精密機械加工等行業的先進工廠，也快速地向這個目標進行轉型升級之中。

在高度數位化供應鏈管理的標準之下，生產「計畫（PLAN）」部分將會大量採用人工智慧計算，取代緩慢的人工分析與計算，使得高度數位化供應鏈管理的總體反應速度，提升到小時級、分鐘級，甚至達到秒級。近幾年以來，思愛普 (SAP)、西門子 (Siemens)、JDA 軟體集團等大型 ERP 與供應鏈管理系統公司已經開始推出先進製造排程系統 APS，可以提供生產排程計畫部門秒速等級的計算結果，且某些品牌的 APS 系統使用者介面已經達成使用滑鼠拖曳，即可更改指定的參數，快速測算排產的選擇。例如：面對客戶緊急插單，供應鏈計畫員使用拖曳方式調

整加班人數與共用的工作站使用時間比例,來計算是否可以滿足優先訂單的交期與數量? APS 系統可以在幾秒之內重新計算結果,如果不符合需求,可以重新拖曳不同的參數選項,幾秒鐘之後又得到計算結果,直到滿意為止。比起傳統供應鏈管理,雖然已經引進資訊系統來分析與制定計畫,但是總體週期還停留在以月、週為供應鏈計畫週期的單位完全不同!不僅如此,如果「新零售」企業無法根據真正的高度數位化供應鏈管理策略,做出完整的策略思考並建立高度數位化的供應鏈管理能力,則將面臨在「新零售」企業競爭的過程中,發生供應鏈交付能力或競爭力不足的嚴重問題,進而導致容易大量流失客戶,或是因供應鏈競爭力不足而降低客戶下單意願。

高度數位化供應鏈管理雖然不是一朝一夕可以建立完成的,一旦建立完成將可以形成強大的策略優勢,所以此一策略構面不僅重要性高,且對於「新零售」企業而言,需要投入一定的資源、時間與心力,才能打造出具有明顯客戶體驗差異、提升客戶價值,與「新零售」企業競爭力、強大的訂單履約交付能力的高度數位化供應鏈管理。

可惜多年以來,許多企業並未把供應鏈管理的重要性,放在策略關鍵地位來思考,以至於連最基本的傳統供應鏈策略,在企業內都缺乏完整的規劃與管理成果。許多傳統企業,包含傳統品牌/製造業、傳統零售企業與傳統電商企業,在「新零售」升級轉型的過程中,對於高度數位化供應鏈管理的課題時常感到難以駕馭。根據筆者的經驗,問題的關鍵通常不是單純地缺少相關軟體系統,更重要的是必須有具備高度數位化供應鏈管理相關知識經驗的主管,來推動整個供應鏈全流程計畫的改變。本章後續將會逐步拆解高度數位化供應鏈管理模型之中的每個環節,並且配合不同的案例佐證,以便高階管理者能更加容易理解相關策略作法。

先檢視企業現有傳統供應鏈管理策略

行遠必自邇！在企業挑戰「新零售」的高度數位化供應鏈管理策略構面規劃之際，必須先檢視自身現有的供應鏈管理成果與供應鏈策略。如果企業自身在傳統供應鏈管理的基礎已經相當穩固，則這個企業在供應鏈數位化轉型升級的道路上，就能很快根據既有基礎，進行高度數位化供應鏈管理的策略進行「新零售」的升級策略規劃。然而，企業原來在傳統供應鏈管理的策略能力上缺少相關規劃時，就必須歸零思考：先行檢視企業現有業務的傳統供應鏈管理策略，才能在此一基礎上，思考「新零售」企業需要的商業模式之下，高度數位化供應鏈管理的策略如何制定？以及藉著高度數位化供應鏈管理的策略，能為「新零售」企業

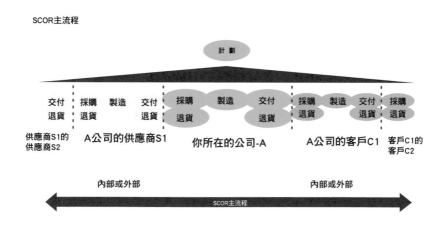

▲ 6-5：供應鏈 SCOR 模型（包含企業的上游與下游），資料來源：供應鏈協會 SCC。

帶來哪些強大的競爭力？

　　為了清晰地思考與分析企業自身的傳統供應鏈策略，首先必須探討供應鏈管理的基本模型。目前全世界最常使用的供應鏈管理模型，是由「供應鏈協會 SCC(Supply Chain Council)」所提出的 SCOR(Supply-Chain Operations Reference model) 模型。供應鏈協會是全球性組織，在其 SCOR 模型中，供應鏈是由左至右的線型模式，包含：供應鏈計畫、原材料採購、製造、成品交付等幾大步驟（圖 6-5）。這個模型看起來相當簡單，但是在美國營運管理協會 APICS(American Production and Inventory Control Society) 的供應鏈管理相關認證教材之中，供應鏈管理具有相當豐富的內涵，由 APICS 所提出的「國際產業認證管理師 CPIM(Certified in Production and Inventory Management)」等認證，更是許多歐美企業非常重視的供應鏈管理者專業認證。實際上，許多西方企業的策略競爭優勢，也是基於供應鏈管理的思路所建立的。例如：麥克‧波特 (Michael Porter) 在其重要著作《競爭策略》中提出的「價值鏈」，就是基於供應鏈流程不同步驟對於產品的加值來進行分析。

　　如果企業可以一直停留在工業 3.0 的時代，在亞洲公司常見將供應鏈管理機能根據分權原則，拆成二至三個機能部門的作法，不一定會產生很大的問題。因為企業的整體供應鏈經常處在較為穩定的情況之下，所有與供應鏈管理成果相關的財務指標，或是關鍵績效指標，例如：原材料庫存天數、半成品庫存天數、成本庫存天數、現金迴轉週期 CCC（Cash Conversion Cycle，指企業花錢購買原材料之後，一直到製造、交付、並收到帳期款項的總天數週期）等，都處於相對穩定的狀態。因此，在工業 3.0 時代，不採用整體供應鏈的概念與組織架構來對企業的供應鏈從事一體化的管理，在組織設計上的缺失還不是很迫切，因為短期的供應鏈管理狀態未能達成最佳化 (Optimization)，可以透過

不斷改善相對穩定的供應鏈各部分問題，來逐漸解決與提升整體供應鏈到接近最佳化的狀態。但是在工業 4.0 世代來臨之後，由於高度彈性化製造成為未來的必須要件，為了因應完全根據客戶需求導向，從事大量客製化生產 (Mass Customization) 的需求，所有供應鏈相關指標會隨著訂單量的起伏，而有較大的波動，客戶向工廠訂製 C2F、「新零售」等需求，也使得供應鏈複雜度大為增加。如果沒有一體化的供應鏈策略加以管理，就很容易造成企業因缺少完整的供應鏈策略，所導致的重大缺失或競爭力大幅度下降，在短時間之內被曝露在個人客戶面前，進而導致客戶價值明顯下降。同時，在 C2F 的超短供應鏈結構下（完全沒有中間商），只有高度數位化的供應鏈才能提供小時級至秒級的全供應鏈「透明化 (Total Supply Chain Transparency in Seconds Update Frequency)」、「可視化 (Total Supply Chain Visibility in Seconds Update Frequency)」服務能力。也唯有如此，才能讓 4.0 世代的「新零售」企業充分保障好訂單履約的品質。

　　許多亞洲企業採用分權制度把「全功能供應鏈部門 (Full Function Supply Chain Department)」拆分成二至三個以上的部門，其結果是由於缺少一體化供應鏈策略的指導與單一的供應鏈部門主管，導致幾個拆分後的供應鏈相關部門之間，為了優先達成各自的 KPI，進行有利於自己部門的互相競爭。可怕的是，不論哪一個部門勝出，最終結果都是全供應鏈的相關指標分開追求各自的最佳化，結果反而互相牽制、不協調，沒有達成全供應鏈最佳化，甚至由於互相競爭的結果，而導致部分供應鏈指標明顯惡化。特別是那些沒有劃入給任何部門的供應鏈關鍵指標，可能成為各部門追求自身 KPI 競爭後的垃圾桶，導致這些無部門認領的供應鏈管理指標成果明顯低下，卻沒有任何一個部門需要負責！在「新零售」的時代，客戶只會根據自己的實際購買體驗評價「新零售」企業

的表現,在訂單履約過程中,如果客戶發生不滿意,絕對不會管問題是發生在「新零售」企業的哪個部門!試想,這樣的企業能在「新零售」的 4.0 世代具備足夠靈活的供應鏈交付能力嗎?內部競爭結果,導致部分無人認領的供應鏈相關 KPI 惡化之後,對「新零售」企業競爭力有多麼巨大的影響?如果某些供應鏈管理的 KPI 一直無法改善,如何能保障客戶體驗?又如何能使精準行銷好不容易引進的新客戶成為長期留存的老客戶呢?

傳統供應鏈管理模型與關鍵指標與自我檢視

傳統供應鏈模型包含五大步驟:計畫 PLAN、採購 SOURCE、製造 MAKE、交付 DELIVERY、退貨 RETURN。在這些步驟之中,企業需要建立完整的 KPI 體系來進行管理。但是供應鏈管理的最大特色,就是需要以「全供應鏈總體成本」的角度來考慮不同部門之間的問題,否則就會像打地鼠的遊戲機一樣,打擊一個問題之後,其他問題又陸續冒出來,此起彼落難以找到問題根源。例如:採購部門會希望加大採購批量以爭取集量議價的降價績效,但是原材料採購批量偏高則會使得庫存過高、甚至製造批量的彈性減少,進而導致物流成本升高,或是生產線彈性下降難以應對多變化的客戶需求。如果企業能有單一的供應鏈部門高階主管做出全面性的決策與指導方針,則上述案例合理的解決方式,應該是先制定全供應鏈的相關目標與策略,然後根據這些目標與策略,來制定供應鏈總體目標之下,個別部門的指標 KPI 應該達成的目標範圍,因為這些跨供應鏈不同部門的 KPI 指標是互相牽動的。

同時,「新零售」企業更需要注意的,是每一項供應鏈目標的追求都有成本,在提升對客戶承諾的同時,需要精確評估每一個承諾所需要

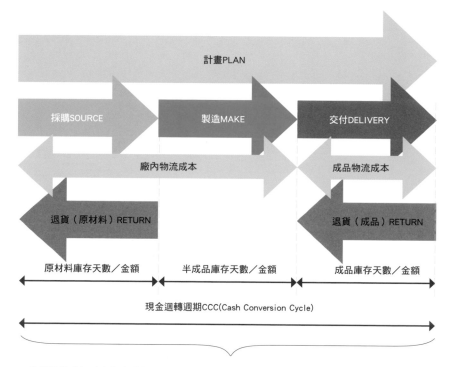

供應鏈總成本=庫存資金成本+原材料採購成本+製造加工成本+物流成本（廠內物流、成品物流）

▲ 6-6：傳統供應鏈模型與各步驟主要關鍵指標。

的供應鏈成本增加是多少？例如：配送速度越快，物流成本就越高；產品種類越多，總體庫存相對也會越高；在相同的收入之下，倉庫設立得越多，總體庫存金額與庫存損耗成本也會越高。這些成本由於不是直接成本，很容易被正在集中全力拚業績的「新零售」企業忽略，後來才發現供應鏈成本因為過度承諾客戶而導致偏高。

　　為了盡量減少這些問題，「新零售」企業需要提前制定供應鏈管理策略，並且在跨部門的高階主管會議中取得共識。因為供應鏈策略的確立，會同時影響「新零售」企業對於客戶履約服務的能力，也會影響公

司財務成本分布的巨大變化。筆者建議,「新零售」企業或是傳統零售企業都應該先檢視企業自身現有的傳統供應鏈管理策略,做為整個供應鏈管理策略升級到高度數位化的基礎。

傳統供應鏈策略規劃的主要決策項目

對於高階主管來說,制定傳統供應鏈管理策略,就是要決定公司資金如何使用,以及確定自身企業可以提供的客戶服務水準 (Customer Service Level)。例如:想要提升客戶服務水準,可能導致配送速度增加(物流配送速度越快,成本越高),以及安全庫存的水平要提高(減少缺貨機率),一旦公司做出客戶服務水準提高的決定,必須把投入服務的費用增加。傳統供應鏈策略規劃可以顯示一家企業在經過思考之後,費用與資金在供應鏈全流程的配置,簡而言之,整個供應鏈上公司的資產投資在哪幾個環節、各是多少錢?(例如:工廠 + 生產線、倉庫 + 自動倉庫設備、生產管理系統、供應鏈管理系統等)以及供應鏈每個環節月均費用各是多少錢?(例如:工人薪資每月平均金額、庫存持有成本月平均金額、物流配送費用月平均金額等)。而相對公司因供應鏈管理而投入的資金,公司在供應鏈投資後獲取的成果有哪些?「新零售」企業需要關注根據上述傳統供應鏈策略規劃後,客戶可以享受到的體驗有哪些?是否優於或等於競爭對手?假使要提升客戶服務水準,需要付出多少代價?……等。

以上提問都是傳統供應鏈策略規劃的核心要點,筆者認為,所有「新零售」企業高層都應該高度關注這些議題,只有明確地知曉公司的錢怎麼花用、分配,才能更明確地瞭解客戶價值如何提升!

「新零售」業者在策略規劃階段,就應該將傳統供應鏈策略的現況

檢視，列入優先工作之一，且最少包含下列幾個傳統供應鏈策略規劃的
決策要項，並且做為高度數位化供應鏈策略規劃的基礎。

● **傳統供應鏈總體目標設定：**

客戶訂購服務水準、總體庫存天數、客戶下單後多久能交貨？

● **傳統供應鏈產品數量與總體庫存政策：**

「新零售」企業的全供應鏈，每個階段的安全庫存的保障能力，設
定在多大的範圍？這些庫存需要占用多少營運資金？庫存保管成本是多
少？每個庫存階段的損耗率是多少？

● **傳統供應鏈生產策略（自製 V.S. 外包）：**

百分之百成品自行生產（例：奧迪汽車）、部分自行生產＋部分成
品外包生產、全部外包生產（例：DW 手錶）。如果「新零售」企業從
事的是買進再賣出的零售模式，則不需要考慮這個策略選項。「新零售」
企業從事的是生鮮電商，而且選擇自行擁有生鮮食品處理中心，承擔肉
類的加工分切處理、蔬菜水果的分類揀選與清洗、生鮮食品的包裝等功
能，甚至擁有飯盒等熟食的加工能力，則應該把生鮮處理中心視為一個
自行生產成品的供應鏈環節。

● **傳統供應鏈生產模式選擇：**

具有生產能力的「新零售」企業需要考慮採用工業 4.0 大量訂製化
生產，還是傳統製造方式？包含：面向庫存生產 (MTS)、面向訂單生產
(MTO)、面向訂單裝配 (ATO)、面向訂單設計生產 (ETO)、面向訂單設計
生產 (CTO)。

● **傳統供應鏈網路範圍與層級：**

「新零售」企業的供應鏈總體網路包含的範圍多大？是只有內銷業

務,還是包含出口到世界各地?前述的奧迪汽車自行提車的案例,主要提供給德國內銷的車主;DW 手錶則是由深圳出貨到 200 個國家;盒馬鮮生跟多點的生鮮電商,則包含多個城市的連鎖超市體系,並且由採購到配送至客戶家中都包括在內,由於有常溫、冷藏、冷凍等多個溫度範圍,又牽涉到生鮮產品的採購(有進口商品)與供貨,供應鏈網路複雜度相對較高。

再來,供應鏈網路的層級設定為二級還是三級,甚至四級?例如:生鮮電商可以採用區域物流中心 (RDC) 做為區域總倉,然後配送到周邊一百公里以內城市的超市連鎖店(RDC →超市:一級配送),每個超市連鎖店負責配送周邊三公里半徑,藉以保證接到訂單後能在一小時內送達客戶家中(超市線下門店→客戶家中),這樣的供應鏈網路稱為二級供應鏈網路。如果生鮮電商決定對於採購部分進行垂直整合,海鮮從漁港或是進口港直接採購,之後直接分送到不同的區域物流中心(一級配送),再由區域物流中心轉運分發到每個超市(二級配送),最後才到下單的客戶家中(三級配送),供應鏈網路的層級經過垂直整合,增加了一層,成為一個三層的供應鏈網路設計。

供應鏈網路層級與倉庫的分級開設、總體庫存的天數,具有密切的關係,經常會同時進行分析與比較不同的方案,以便確定最佳化的結果並選擇實行該方案。同時,在做供應鏈網路最佳化方案的分析計算時,「新零售」業者需要先確認供應鏈客戶的服務水準,以及「新零售」企業的供應鏈目標(客戶服務水準、全供應鏈總體庫存天數、物流總體成本=倉儲+生鮮處理+運輸、供應鏈資產週轉次數),才能使得計算供應鏈網路的最佳化能有所依據。一般而言,供應鏈網路層級越多,倉庫越靠近客戶,則對於末端客戶的服務水準越高,但是需要付出的代價就是倉庫越多,相對應的庫存天數就會越高,物流成本也就會越高。

● **傳統供應鏈動力方向：拉式供應鏈 V.S. 推式供應鏈？**

如果「新零售」企業是「100% 拉式供應鏈」，那就是根據全部訂單都是客戶下單後才生產的原則，來進行整個供應鏈的計畫與管理。在本書的案例中，奧迪汽車即屬於拉式供應鏈非常典型的案例。只有在客戶訂車、交付訂金以後，工廠部門才會收到生產工單進行生產。或者是現在中國大陸有很多家利用手機 APP 就可以訂製襯衫，或是上門量身訂製西服的一些「新零售」企業，這也是屬於 100% 拉式供應鏈。其實，100% 拉式供應鏈符合 C2F 的大量訂製化美好願景，與避免庫存浪費的優點，相信「新零售」的整體發展趨勢，也在往更多廠商升級轉型成為 100% 拉式供應鏈邁進。

供應鏈是零售行業的基礎建設與核心策略之一，筆者建議，「新零售」企業高階管理人先進行傳統供應鏈策略的自我分析，確認上列相關議題的現況後，再針對「新零售」經營模式的升級轉型，做出高度數位化供應鏈管理的相關策略規劃。

以高度數位化供應鏈管理
超越傳統供應鏈管理

由傳統供應鏈管理提升到高度數位化供應鏈管理的高度，差距相當大！傳統的供應鏈管理策略主要重點，在於建立適合公司自身的供應鏈全程模式，以便適當的分配採購、生產、物流、服務、庫存資金等公司珍貴的資源，同時又要兼顧採購、生產、物流、服務、庫存資金這些資源總體的效率，因此需要導入需求預測、供應鏈推拉模式等計算方法，以確保整體供應鏈模式的效能。在傳統供應鏈模式下，本來就需要透過各個供應鏈分項專業部門（採購、生產、物流、服務、庫存資金）的高度分工，與資訊系統的協同整合，來實現供應鏈管理最佳化。但是在「新零售」行業的供應鏈管理，要求的是更快速的反應能力、更強大的供應鏈彈性、更短的供應鏈反應時間，以及更令客戶滿意的供應鏈訂單履約能力。上述這些對供應鏈管理來說都是高難度的挑戰，想要能在更低的平均每訂單供應鏈成本之下，達成「超完美訂單」（Super Perfect Order，由筆者原創提出，指正確揀貨、準時送達、品質完整無問題、客戶好評的訂單）的履約交付成果，唯有採用一個終極武器才有可能達成既要供應鏈總體績效更好、又要更便宜的單位成本，那就是——高度數位化的供應鏈管理。

也許有些讀者會問：「我們現在的供應鏈已經是很高度數位化管理了，不但採用頂級的供應鏈管理系統，而且供應鏈計畫的所有步驟都有系統協助處理。」關鍵的問題在於，傳統的供應鏈管理大部分的交付對象主要是企業（to B 模式），而「新零售」經營模式下所要求的供應鏈管理交付的對象則是個人客戶為主（to C 模式），請參閱圖 6-4。一旦增加了「新零售」企業直接交付給個人客戶這個需求，供應鏈管理的複

雜度大增,而且供應鏈管理的評估指標更是全部都要做出調整。

　　相信許多有經驗的供應鏈管理者都會立刻想到:這跟交付給企業客戶有哪些差別?

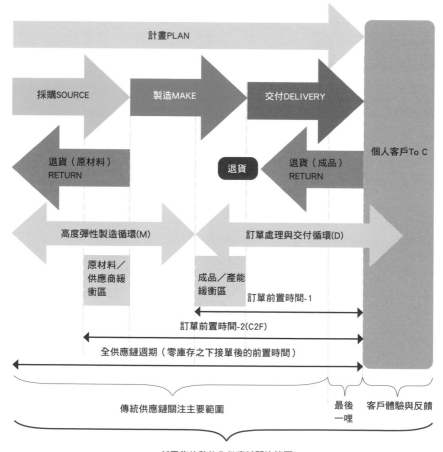

▲ 6-7:「新零售」數位化供應鏈主流程(直接交付給 to C 客戶),
資料來源:本書作者根據 SCOR 模型原創整理。

在圖6-7的「新零售數位化供應鏈主流程」之中，可以很清楚地發現：「新零售」的供應鏈服務對象直接面對 to C 的個人客戶，因此與傳統供應鏈相比，「新零售」的供應鏈增加了「最後一哩配送」與「客戶體驗與反饋」兩大步驟。加上為了能夠提供更高的客戶價值，幾乎所有的「新零售」都強調可以更快讓客戶收到商品（外送餐飲、生鮮電商、西服襯衫與各類女裝的個人訂製等），所以整個供應鏈必須以高度數位化的系統與全新的觀念，來設計組織、流程與績效指標。如果還停留在傳統供應鏈計畫週期以月、週為單位的時代，根本無法滿足「新零售」時代的客戶需求！

「新零售」的數位化供應鏈需要極度強調訂單前置時間（不論是否以 C2F 量身訂製方式供貨）的盡量縮短為必要條件，供應鏈高階管理者在設計供應鏈時，會需要整體考慮全部流程的彈性如何大幅度提升？例如：「成品／產能的緩衝區」是否有足夠的庫存，或是產能可以即時跟上客戶多變化的訂單？同時也需要考慮「原材料／供應商緩衝區」是否有足夠的能量？甚至全供應鏈週期也必須比傳統供應鏈管理模式有大幅度的下降，才能真正滿足日趨嚴苛的「新零售」客戶需求。

過去有不少資料把供應鏈的「交付 (DELIVER)」翻譯成「物流」，雖然不能算是錯誤，但在「新零售」的經營模式下，單純以物流來看供應鏈的交付，欠缺了對於重視「新零售」企業在客戶訂單履約做好深度管理的概念。圖 6-4 的「訂單處理與履約循環 (D)」(Order Processing and Fulfillment Cycle) 是「新零售」企業提供良好客戶體驗最直接的接觸點，由於訂單履約每天都會多次發生，因此如何做好「訂單處理與履約循環 (D)」的各種規劃相當重要，否則客戶投訴立刻隨之而來。

我們可以看到「新零售」時代來臨給供應鏈管理者提出的巨大考驗，也充分說明了「客戶為王」在「新零售」行業的重要性。「新零售」企

業面對客戶的考驗，不僅僅是客戶在點讚或是給予差評時才發生，而是在最開始的策略規劃階段，就需要面對這些嚴苛的標準來制定相關策略。也許有供應鏈專業管理者覺得這些需求太難達成了，因為根據工業 4.0+ 物流 4.0 的標準，同時還要達到成品單位成本的降低。確實這個標準比起傳統供應鏈管理的批量生產以降低成本的策略來說，「新零售」企業需要的是全新的思路、組織與供應鏈策略規劃才能達成！

虛實融合觀念
在高度數位化供應鏈管理策略的重要性

工業 4.0+ 物流 4.0 是劃時代的發明，而藉由工業 4.0+ 物流 4.0 的技術，之所以能夠達成在批量 =1 或是批量 <100 的超小生產量之下，既可以掌握生產效率不降低，又能控制「C2F 單位成本 <= 批量生產成本」的關鍵核心技術，就是虛實融合的概念與相關技術的全新設備。

虛實融合是工業 4.0 世代突破性的核心技術與觀念，虛實融合的多種通路，也是「新零售」的線上線下一體化的關鍵思路！在工業 3.0 時代高度資訊化發展到極致的過程，軟體與硬體一直是在兩個不同的領域中各自發展、互相搭配。但是到了工業 4.0 的世代，虛實融合系統 CPS 就是典型的把軟體與硬體互相融合的新技術，也因此打造出 4.0 世代具有自主性 (Autonomous) 的全自動化設備，例如：自主化的智慧無人搬運車 (Smart AGV with Autonomous Capability)。在未來真正的工業 4.0+ 物流 4.0 工廠之中，將可以看到一群自主化的智慧無人搬運車，透過高速網路自行商量群集行為 (Swarm) 的最佳化路線與工作順序安排，不需要有一個集中化的 ERP 系統主導每一個動作細節，因此完全支援更加有彈性的大量訂製化生產線的需求。所以說 4.0 世代正是以虛實融合的全新理念和技術，來超越 3.0 世代的高度資訊化、自動化。

	工業 3.0 與傳統零售時代	工業 4.0 與新零售時代
年代	1970-2011	2011~ 未來
核心理念	高度資訊化所帶動的高度自動化	虛實融合的新理念與新技術
關鍵技術	資訊科技、自動化批量生產、傳統供應鏈管理	工業 4.0、物流 4.0、虛實融合系統 CPS、大量訂製化生產、C2F 客戶直接向工廠訂製、高度數位化供應鏈管理
供應鏈管理週期	以月、週為主要單位。	以日、小時為主要單位。
供應鏈交付對象	除了電商、傳統零售企業之外,多數工廠交付對象都是下游經銷商或是門市。(to B 為主)	新零售企業交付的對象是個人客戶。(to C 為主)
供應鏈組織型態	亞洲國家的供應鏈組織多半拆分為二至三個部門,各自獨立,例如:研發、製造、物流。	需要建立全功能的供應鏈部門,以便能一體規劃全供應鏈的績效與產出能力。供應鏈管理者並需要具備能應對「客戶體驗與反饋」的能力。
人才特徵	資訊科技屬於專門技術,一般員工只需要會使用辦公軟體即可,不需要具備資訊化的專業。	資訊化的知識背景與完整的系統化概念普遍在各個部門,不懂資訊化的人才價值無法快速提升。資訊化之上還有人工智慧程式寫作、大數據分析等更高難度的資訊化技術,才屬於新一代的資訊科技專業。

▲ 6-8:工業 4.0 與工業 3.0 的核心理念與供應鏈管理模式比較。本書作者原創整理。

　　正是基於虛實融合的 4.0 世代觀念,我們可以確立在 4.0 世代來臨之際,「新零售」策略規劃第一個思考背景的必要條件,就是——數位化管理貫穿所有策略構面。不論是高度數位化供應鏈管理、精準行銷、客戶體驗管理,與「新零售」企業的組織與人才培育等四大構面,無一不包含了數位化管理。請參閱表 6-8,工業 4.0 與工業 3.0 的核心理念與供應鏈管理模式比較。

在虛實融合的「新零售」時代，傳統供應鏈管理策略儘管經過幾十年以來長期研究，仍顯得有些不能完全支持「新零售」行業，關鍵問題主要體現在無法透過接近即時 (Near Real-time) 的計算能力，進行快速的全供應鏈協同。傳統供應鏈的策略與模型，通常單一循環週期都在兩週至一個月的範圍，也就是從提供銷售預估或需求預估，到採購原物料、生產、成品交付的週期，經常需要最少兩週以上。在傳統供應鏈管理的架構下，相信許多供應鏈的專業管理者都有很豐富的經驗，這樣的週期說短不短，供應鏈管理的專業工作卻依然十分忙碌。本章的案例報喜鳥西服，是十天以內完成交貨到客戶手中為準，整個「高度彈性化製造循環 (M)」+「訂單處理與交付循環 (D)」（如圖 6-4）的週期，已經下降到以天為單位，來計算交貨前置時間 (Lead Time of Delivery)。如果按照傳統供應鏈管理的模式來做計畫，十天以內大規模的交付「批量只有一套 (Lot Size=1)」的訂製化西服，成本上既不划算，時效上又遠遠快過傳統服飾行業能交付的時限。

高度數位化的供應鏈管理不是傳統供應鏈管理的數位化所能達成的境界，而是必須打破傳統供應鏈管理的模型，採用全供應鏈革新的思維才能辦到的新技術與新策略方法。

SAP 工業 4.0 案例
——報喜鳥量身訂製西服 M1

　　報喜鳥西服，是全中國大陸唯一一家擁有疊、掛兩套現代化設備的服裝企業。走進位於永嘉甌北報喜鳥園區的智慧生產車間，可以看見整潔、自動化程度高的西服大量訂製化生產車間。園區工人在自己的工位上忙碌，物料會通過吊掛系統自動傳送過來，每件衣服的生產資料都會由設備自動識別，並顯示在工人工位前的電子螢幕上。這一車間每天能生產三百套個性化西服，生產成本與成衣保持一致。

　　報喜鳥通過工業 4.0 智慧化生產，克服服裝個性化生產品質和生產效率降低的瓶頸，率先實現「個性化縫製不降低品質，單件製作流程不降低效率」，此一服裝訂製的最高生產目標。

　　C2F 大量訂製化全流程：

　　1. 消費者通過天貓、京東、官微、400 客服熱線、實體店舖等六大管道預約訂製，自主選擇西裝面料、工藝、款式、領型、紗線顏色等。

　　2. 預約成功後，報喜鳥搭配師與量體師在 72 小時內上門服務。量身完成後，量體師會將資料登錄後台系統，客戶就可以使用「3D 試衣間」。通過 1：1 全比例還原人體實際尺寸與體型，展示客戶個人訂製化西服的虛擬實境的 3D 模擬效果圖。接著，客戶可以隨意選擇面料、領型、扣位、口袋等部件，搭配符合消費者品味的西服配件。客戶的訂單確認發出後，自動由工廠安排進入生產線訂製化生產。

◀ 6-9：報喜鳥個人化訂製西服的下單介面。

◀ 6-10：報喜鳥的 3D試衣間介面。

3. 報喜鳥訂製車間的指定工位接收製作任務，快速開啟個人訂製西服的客戶旅程 (Customer Journey)。

4. 經過 360 小時後，客戶收到訂製西服。

報喜鳥後台訂單處理流程：

1. 客戶訂單由前台接單系統轉入後台系統。

2. 後台系統進行智慧化資料分析和資訊整合，通過三種不同功能的智慧系統生成「版型、工藝流程、物料、排單」四類生產資源資訊。

3. 各組資料同步匯集到生產執行系統 (MES: Manufacture Execution System)，生成唯一工單編碼 (Work Order No.)，並將這個工單編碼存入位於跨衣架上的 RFID 電子識別晶片。

4. 根據 RFID 電子識別晶片的個人服裝資訊，所有原材料和輔料會通過智慧製衣吊掛自動化廠內物流系統，傳送到每個工人的不

同工作站面前。

5. 每個工作站在收到需要加工的原材料還有半成品時,有關加工的相關資訊在工人平板電腦顯示器上出現,工人開始根據工作指示進行個人化的製作。智慧化生產系統可以讓工人的效率提升 30% 左右。

6. 根據工藝流程的每個步驟,每張訂單的訂製化西服在完成加工生產後進行打包,並進入物流系統的管理範圍,安排快遞準時出貨。

在生產過程中,工人可透過個人工作站的螢幕,直接看到對應工單的打版與布料裁片樣式、加工要求,所需的原輔材料通過自動懸掛系統進入對應的生產線。工人只需按指令操作,即可保證客戶的每一件個性化需求的服裝,在流水線作業環境下達成大量訂製化的成果。成衣生產完工入庫,即流轉至由 SAP EWM 系統管理的智慧倉庫物流系統,通過與 SAP CRM 的無縫銜接,客服代表會第一時間感知客戶的訂單狀態,並主動提醒客戶即時查收寶貝衣服。

報喜鳥實現大量訂製化的基礎,來自於 SAP PLM 系統對於每個消費者的量身資料,進行人工智慧的自動打版與 CAD 圖形輸出,之後驅動自動化裁剪設備自動剪裁每塊布料,同時對於整條生產線的設備運作效率進行最佳化計算。通過 SAP APO 系統的智慧型排

◀ 6-11:大量訂製化的成果,每一件個性化需求的西服完工入庫,等待交付至客戶手中。

單，SAP FMS 與 SAP ME/MII 等不同系統模組的高度整合，使得整條生產線的大量感知器完全整合在自動化生產線之中，隨時可以感知每一道工序執行的進度，自動連接工廠各類設備資訊，為每個工作站即時傳送所需物料清單及加工指令。

報喜鳥同時使用 SAP Hybris Commerce 打造線上商城，顧客可在不同的通路任意下單，並追蹤屬於自己的訂單狀態，即時查看訂製的西裝的物流資訊。透過 SAP 全通路零售商務整體解決方案，隨時隨地滿足客戶的購物需求。

資料來源：SAP 中國官微「SAP 天天事」、報喜鳥官網。

避開「新零售」企業供應鏈策略規劃的常見陷阱

根據過去幾年「新零售」創新推動的過程，證明供應鏈策略的制定大幅度地影響了「新零售」企業的成敗。中國大陸的中央電視台 2 台「交易時間」節目，於 2019 年 8 月報導，中國大陸風起雲湧的生鮮電商，有多家公司都在 2018 年宣告大量虧損甚至倒閉，其中 88% 虧損，7% 鉅額虧損，4% 盈虧平衡，僅 1% 盈利。而生鮮電商在 2018 年大部分處於虧損狀態，主要原因就是「供應鏈成本太高」與「消費者促銷補貼」兩大部分。在 2019 年第四季，中國大陸也有許多生鮮電商在融資投入暫停之後一至二個月就立刻陷入休克狀態宣告倒閉。這些現象都顯示在生鮮電商高速成長的熱潮中，供應鏈策略的重要性可能被許多廠商給低估或是輕視了，最終導致嚴重的虧損，只能多次依靠不斷融資來為企業續命，但這並非可持續的經營方式。

因此，「新零售」企業 CEO 必須親自參與供應鏈策略的制定，協調供應鏈策略跟「新零售」企業總體策略的一致性，否則對「新零售」企業有可能造成致命的結果。在「新零售」企業的策略制定過程中，經常會發生的問題有幾種：

1. 由供應鏈部門單獨制定「新零售」企業供應鏈策略，缺乏與「新零售」企業的總體策略交叉討論與協調一致。供應鏈策略的制定，以及與「新零售」企業總體策略制定協調一致，是供應鏈負責人不可推卸的主要責任，供應鏈負責人必須根據「新零售」企業總體策略與優先序，來制定相對的供應鏈策略，以免導致供應鏈策略忽略部分「新零售」企業總體策略，或是顛倒總體策略的優先序所帶來的風險、成本。例如：生鮮電商企業對於公司總體策略中的「獨特價值提案 (UVP: Unique

Value Proposition)」，有沒有說明總體策略中的優先順序？如果這些關鍵決策沒有明確地制定出來，可能會導致供應鏈策略的優先序，與「新零售」企業總體策略優先序不一致。

2. 供應鏈策略只提出作業性的量化目標，沒有提出「新零售」企業與客戶價值相關服務或能力的質化目標。有關客戶價值沒有明確優先順序或是明確定義，並計算相關數據的情況一旦發生，將很可能導致供應鏈需要的資源，與企業總體策略已經確定的資源不一致，萬一供應鏈策略需要的關鍵資源，沒有被「新零售」企業總體策略規劃考慮在內，或是輕視、低估了這個資源所需要的成本比例，就會發生嚴重的成本估計偏差，最終導致企業策略無法成功的實現。

3. 供應鏈策略制定沒有考慮「新零售」企業的特點，是虛實通路的高度融合。

即使企業已經制定且正在順暢地實施既有的供應鏈策略，但是在面對「新零售」升級轉型的過程，需要重新歸零思考：什麼樣的供應鏈能力才能符合全通路零售完全虛實融合的服務標準？許多「新零售」企業的升級轉型不能成功，在於一開始就沒有考慮過這一個關鍵的策略思考問題！

例如：線下超市單純的只是成立線上行銷部門，開發了手機 APP，使用會員資料與賣場的推銷來進行引流，也許手機 APP 安裝數是增加得很快，但是會發現不論 DAU 或是 MAU 都稀稀落落，只有促銷力度加大時才能引起一波升高，但是黏性也不足。究其主要原因之一，就是沒有建立能夠同時服務線上通路與線下通路的供應鏈。

高度數位化供應鏈管理的分項策略構面

在正式進入「新零售」專屬的供應鏈策略分析流程之前,我們需要先確立在「廣義新零售」3+1 策略構面的定義範圍下,對於高度數位化供應鏈管理的策略規劃,是基於五大高度數位化供應鏈管理策略分項構面(圖 6-12),以便充分地應用與體現 4.0 世代的相關新技術,確保達成真正的高度數位化供應鏈管理策略。

在高度數位化供應鏈管理的策略規劃過程之中,最重要的一點,是需要基於新的供應鏈能提供客戶價值提升 (Customer Value,Martin Christopher),做為評斷所有供應鏈分項策略的核心理念與標準。假設建立某一個高度自動化、智慧化的訂單履約流程(分項策略構面之 3),

▲ 6-12:高度數位化供應鏈管理的分項策略構面。本書作者原創整理。

結果無法給「新零售」企業帶來客戶價值（依照客戶角度來評估）的提升，則建立這個高度自動化、智慧化的訂單履約流程，就不能被認為是一個有效策略。這一點對於「新零售」企業在高度數位化供應鏈管理的策略規劃過程非常重要！不論是從傳統供應鏈策略升級到高度數位化供應鏈管理策略，還是已經在高度數位化供應鏈管理策略實施過程中，「新零售」企業對於策略規劃實施成果的自我檢視，都需要對於「新零售」企業究竟給客戶帶來哪些客戶價值的提升，做出嚴謹的評估，以及對於客戶價值相關資料每期連續地記錄，做為不斷提升的標竿，以免迷失在新技術的美好表象之中。

● **核心理念：客戶價值提升**

1. 全供應鏈可視化與秒級變化回應能力
2. 網絡狀結構的數位化供應鏈
3. 高度自動化、智慧化製造與訂單履約流程（智慧化生產線、智慧化物流、人工智慧客服中心、人工智慧型供應鏈計畫）
4. 供應鏈計畫大量基於人工智慧模組的高等算法
5. 建立全供應鏈大數據分析做為可持續改善基準

總結高度數位化供應鏈管理的特徵，不僅只是在全供應鏈都已經使用 ERP 或是供應鏈管理系統，而是必須符合下列幾個條件，才能稱之為高度數位化供應鏈管理！

A. 五大高度數位化供應鏈管理策略分項構面，最少已有一至二項達到一定的實現程度。

B. 高度彈性化製造循環 (M)+ 訂單處理與交付循環 (D) 週期，透過高度數位化供應鏈管理策略的實施，能降至以天計算（原則上遠小於 30天）。（請參見圖 6-7）

C. 全供應鏈在「新零售」模式下，對於線上、線下不同通路的服務水準基本一致。

高度數位化供應鏈策略的制定流程

相信「新零售」企業的高階管理者都立刻要問：

● **究竟「新零售」企業如何制定自身的高度數位化供應鏈策略？**

● **是否有一個制定高度數位化供應鏈策略的完整流程可以參考？**

● **在制定高度數位化供應鏈策略的過程中，主要關注哪些關鍵問題？**

筆者建議「新零售」企業制定高度數位化供應鏈策略時，可以參考下列流程。（請參見圖 6-13）

S1 ：「新零售」企業定位與競爭環境分析

無論是哪一種企業經營首先都需要確認企業自身的定位，也就是明確企業自身的核心價值與想要服務客戶的市場區隔。一旦確立了「新零售」企業的定位之後，「新零售」企業競爭的目標，就是希望在所確立的市場區隔之中，贏得最多客戶的愛用與信賴。在決定如何提供給個人客戶最好的「新零售」商品與服務之前，需要先考慮「新零售」企業所選擇的企業定位與競爭環境。例如：DW 手錶的定位是提供以手錶為主的輕奢時尚，因此競爭環境是眾多的時尚手錶。而盒馬鮮生是以提供高品質的生鮮超市服務為定位，因此是直接跟中高檔的超市形成競爭；在提供線上＋線下零售的超市商品銷售服務時，競爭者是各大城市所有盒馬鮮生門店周邊三公里客戶下單範圍內的線下超市，同時包含其他所有具備線上＋線下經營的生鮮電商超市。

唯有瞭解自身企業定位與競爭環境的情況，才能根據企業自身的定位，適當強化並設計出更好的供應鏈策略，以形成供應鏈策略的優勢。畢竟任何企業的資源都是有限的，唯有專注於企業自身選定的市場區隔，瞄準好企業定位所鎖定的客戶群，才能專注一致地把企業資源投向企業品牌定位中的客戶群，真正做好目標市場區隔內的生意。

S2：「新零售」企業核心價值與獨特的價值(UVP)提案

在明確制定了企業品牌定位、市場區隔、競爭環境，與相對應的競爭態勢之後，基於「新零售」企業的定位與競爭環境，「新零售」企業還需要提出自己的獨特的價值。簡單來說，就是在企業定位的市場區隔之中，基於「新零售」企業的商品與服務，對客戶有何獨特的價值？這些商品與服務有哪些優勢？為何客戶要傾向優先向我們公司下單？例如：盒馬鮮生的獨特價值主張之一，就是集合全世界（部分進口）的高檔生鮮食材快速配送到家；DW手錶的獨特價值主張，則是能負擔得起的輕奢時尚。

S3：供應鏈的需求分析與結構設計

確認了「新零售」企業的定位與獨特的價值之後，接著檢視實現這些獨特的價值所需要設計的供應鏈結構是怎樣的？需要服務的客戶範圍有多大？總體的供應鏈需要具備哪些能力，才能達成對客戶的訂單履約承諾？

例如：

●數位化供應鏈的彈性程度：「新零售」的供應鏈需要承受多大的客戶需求變動範圍？

● 「新零售」經營模式下,客戶對於供應鏈的真正需求有哪些?
● 數位化供應鏈可以支持的客戶訂單履約規格極限是多大?時間、頻率、配送後的商品品質等。

判斷標準:我們的商品與服務滿足了客戶哪些需求?為何客戶總體來說要傾向優先向我們公司下單,而不是向我們的競爭對手下單?

S4 :設計線上、線下各通路的訂單履約需求規格

由於「新零售」提供了多種通路的服務,因此高度數位化供應鏈策略必須包含所有通路需要的訂單履約需求規格。例如:生鮮電商超市最少就包含線上 APP 下單與線下超市門店兩種通路,而執行上又需要考慮是否可線上線下交叉下單提貨,如果可以接受各種組合,就需要針對線上下單配送到家、線上下單線下門市提貨、線下門市購買直接帶回家、線下門市購買要求配送到家等四種組合都經過仔細思考,並根據客戶的立場,制定明確的訂單履約需求規格。

S5 :檢視現有的供應鏈獨特的價值與各通路訂單履約規格,是否有競爭力?

如果在某個或某幾個通路不能確定具有足夠的訂單贏家競爭力,例如:客戶月活躍數與客戶日活躍數總體數據一直無法超越競爭對手,則需要分析個別城市的差距,以及追蹤發生劣勢(輸給競爭對手)的城市或區域,以及相對應的原因。如果是競爭力明顯不足,則需要跳回到「S2獨特的價值提案」步驟,重新制定有利於加強競爭力的提案。例如:某家生鮮電商超市經營的城市,突然發現有強大的競爭對手進入相同的城市進行推廣,就需要針對競爭對手強調的優勢(獨特的價值提案)加以分析,可根據實地的調查,或是每個門市的訂單消長變化資料進行大數

據分析。基於訂單贏家的觀點,誰贏得更多訂單必定是在某些客戶關心的要點上更有競爭力。也可以採用客戶價值來分析所有競爭對手的供應鏈所提供的客戶價值,以便明確分析出哪些競爭對手在哪些指標上更有競爭優勢。客戶價值的計算方式,稍後本章會加以介紹。

判斷標準:客戶在特定的通路為何要傾向優先向我們公司下單?

S6:制定全通路的數位化供應鏈需求與細部計畫

在制定數位化供應鏈管理細部計畫時,應該首先同時考慮基於「新零售」供應鏈模型,與數位化相關技術高度結合之後,可以產生哪些創新方式提供客戶獨特的價值提案,以便能達成較高的客戶價值,或是難忘的客戶體驗。(第八章將詳述「客戶體驗管理」)

這個步驟需要完成的總體與各通路別的供應鏈策略計畫會相當複雜,需要具備傳統供應鏈策略規劃＋供應鏈系統數位化經驗的供應鏈主管來主導,同時又需要邀請瞭解「新零售」精準行銷與客戶體驗管理的多種人才一起參與規劃,才能形成與精準行銷、客戶體驗管理相輔相成的高度數位化供應鏈管理策略。同時,規劃的主要原則可參考本章前述說明的高度數位化供應鏈管理的分項策略構面(圖 6-12)。

同時根據前面幾個步驟之後的結果,可以按照通路別的訂單履約需求,倒推出通路別的數位化供應鏈需求與細部計畫,並且按照順序做出數位化系統可以支持的:

A.通路別訂單履約詳細規格;

B.通路別庫存政策;

C.通路別訂單履約模式設計;

D. 通路別訂單履約成本分析等細部計畫;

並且可以按照不同通路別,建立個別的數位化系統與供應鏈通路個別規格相配套的專案,採用分次推動各通路別專案,逐步上線實施的策略,來建立全通路的一致化、高度數位化供應鏈管理能力。

S7：數位化供應鏈的總體效益評估

對於數位化供應鏈應該建立相關的關鍵績效指標,並且持續加以檢視、改善。在檢視過程中,可能會使用到秒級的全新資料庫技術,與大數據分析技術來協助。

如果對於 KPI 的檢視結果不滿意,應該由高階管理者針對不滿意的 KPI,討論是回到 S2 或是 S3,來進行重新檢視與調整,也有可能是只需要由營運層 (Operational Level) 進行單純的作業改善。

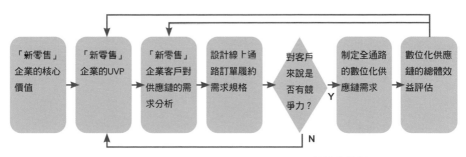

▲ 6-13：數位化供應鏈策略規劃主要步驟。
本書作者原創整理。

・基於UVP的數位化供應鏈的需求分析
・數位化供應鏈的總體能量與能力
　供應鏈彈性
　服務量能
　服務範圍
　數位化深度

建立數位化供應鏈專屬的 KPI 體系

在 S7 這個步驟中，為了使得高度數位化供應鏈策略的實施，能具備秒級可視化、形成可持續改善循環 (Continuous Improvement Cycle)，有必要制訂傳統供應鏈常用 KPI 之外的幾個額外高度數位化供應鏈 KPI。例如：

1. 全供應鏈週期（Full Supply Chain Cycle Time 所有供應鏈步驟前置時間的總和）

定義：庫存為零時，接受客戶訂單後最快可以完成交付產品的時間。

2. 超完美訂單比例（Super Perfect Order）

傳統的供應鏈認為一張完美訂單，包含：準時送達、送達時產品品質無瑕疵、揀貨數量與品項 100% 正確等幾大要素。筆者認為在「新零售」時代，這樣還不夠完美，必須要獲得客戶好評才夠完美，在此把完美訂單的標準提升到「超完美訂單」＝準時送達＋送達時產品品質無瑕疵＋揀貨數量與品項 100%＋客戶好評。

3. 訂單前置時間 -1（Order Lead Time-1，非 C2F 模式，成品為標準品）

訂單前置時間自客戶下單算起，一直到客戶拿到訂單所有商品為止，如果漏送就要計算補送的時間，每一個步驟都要接近零錯誤。

4. 訂單前置時間 -C2F（Order Lead Time-C2F，C2F 模式，成品為大量訂製化）

訂單前置時間自客戶下單算起，一直到客戶拿到訂單所有商品為止，但是因為需要生產＋備料的前置時間，一般來說會比標準化的成品多花一些時間。

　　當然,還有許多可以納入使用的高度數位化供應鏈管理 KPI,每家「新零售」企業都可以根據自身的實際狀況再加以制定。本書僅就一些具有普遍性質的關鍵績效指標擇要加以說明。

「新零售」時代
高度數位化供應鏈管理模式與相關技術

為了讓讀者更深入瞭解高度數位化供應鏈管理策略實施的成果，本章特別整理一些相關案例，有系統地加以排列呈現。

根據圖 6-14，我們可以把高度數位化供應鏈管理的主流程，拆分為兩個主要循環：高度彈性化製造循環 (M)、訂單處理與交付循環 (D)。在高度數位化供應鏈管理的這兩個循環之下，可以看到一些 4.0 世代常用的全新技術（M1~M3、D1~D3），例如 M1 就是透過人工智慧的秒級計畫能力，形成了 C2F 的大量訂製化生產計畫（請參閱本章「報喜鳥西服 C2F 量身訂製」案例）。由於本章的每個案例可能同時使用多項 4.0 世代全新的技術，筆者會在案例標題旁標示出該案例使用到的相關 4.0 世代全新技術，以便高階管理者在閱讀時可與圖 6-14 的兩大循環互相對照。

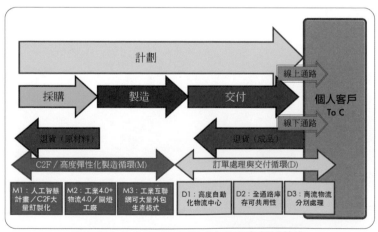

高度數位化供應鏈管理模式主流程與相關技術

▲ 6-14：「新零售」時代的高度數位化供應鏈管理模式與相關技術，資料來源：本書作者根據 SCOR 模型原創整理。

高度數位化供應鏈的結構
——多重網路狀的工業互聯網

　　高度數位化的「新零售」供應鏈結構是多重網路狀的，而傳統的供應鏈結構，是從產品開發、設計、採購、製造、交付、售後服務的一系列順序性的線型流程。前面已經提到，傳統的線型供應鏈結構缺點，就是在資訊沒有即時交流的情況下，很容易發生嚴重的長鞭效應。而「新零售」環境下的高度數位化供應鏈應該是網路狀結構的，德勤顧問公司 (Deloitte) 稱之為「數位化供應網路 (DSN)」。傳統供應鏈的線型結構，在「新零售」的高度數位化經營要求下，必須突破線型結構的限制，而演化成網路型的數位化供應網路，並且藉由建立工業互聯網連接供應鏈網路裡面所有的合作夥伴與客戶，徹底實現即時協同 (Real-time Collaboration)！

　　在這個模式下，供應鏈各級合作夥伴都藉由數位化系統，與工業互聯網相連接，並且能根據權限的設定，即時更新與接收整個供應網路上的所有即時資訊。根據這樣的模式，可以使得客戶的意見與投訴，最上游的供應商，與工廠車間內的自動化設備，以及供應鏈計畫團隊全部都能即時連接。許多即時資訊能被立即傳遞、做出更加精準的運算，進而使得「新零售」的數位化供應網路做出即時的改變與適應，進而達成浪費的大量減少、準確地交付特定的產品給客戶。同時，根據不同的原材料類型的供應鏈特徵，也會建立不同的數位化供應網路，所以數位化供應網路是一個多重網路狀的結構。工業互聯網則是用來交換與傳遞即時的產業供應鏈、訂單與消費者訂購等所有全供應鏈相關的資料。

工業互聯網汽車行業案例　M2

　　汽車行業的供應鏈在中國大陸已經相當成熟，數位化管理的程度也相當高。近來，寶鋼集團一直致力於全面提升數位化水準，面向鋼鐵產品全生命週期，以物聯網、互聯網、雲端運算、大數據等新技術，與寶鋼全供應鏈的深度融合應用為基本路徑，逐步提升寶鋼製造裝備、全供應鏈管控、分析決策過程的智慧化水平，構建集智慧裝備、智慧工廠、智慧互聯於一體的智慧製造體系。此外，寶鋼通過物聯網等數位技術，為下游客戶提供專業的訂製服務。通過智慧製造系統，寶鋼根據客戶的生產計畫，自行計算出所需生產鋼板的類型和數量，並據此安排生產。相應的鋼板產出後，送到寶鋼的剪切中心，根據客戶生產車型剪切好鋼板直接運送到整車廠。（寶鋼案例引用自：「埃森哲中國企業數字轉型指數」2019年報告，Accenture）

　　於此同時，與福斯集團合資的佛山一汽 -- 大眾公司，也積極升級整個位於廣州市佛山的工廠，成為高度數位化、智慧製造的工廠。佛山一汽 -- 大眾公司將在2020年完成大部分車間的升級轉型，成為「關燈工廠」，採用全自動化生產、AGV無人搬運車、RFID電子標籤標示原材料與半成品等最新技術，使得原材料可以全自動化輸送到生產線每個工作站，成品車輛也採用專用AVG進行在生產線不同過程的全自動化搬運，目前已經實現混線生產的高度彈性化製造 (Flexible Manufacturing) 的基礎上，再升級為高度數位化、智慧化的全供應鏈、數位化物流與全自動化生產線，將可以支持同時生產福斯集團的多種車型，包括：福斯POLO、福斯GOLF、奧迪A3等。（引用自「倉儲管理數字化再升級研討會，廣州行」會議，

佛山一汽 -- 大眾「打造智慧物流」報告 2019 年 7 月，由 HighJump,
Soo56.com 聯合主辦）

　　雖然寶鋼只是佛山一汽 -- 大眾公司其中的一家供應商，但是
綜合上述兩個案例，可以發現中國大陸的汽車行業正在快速建構數
位化供應網路的工業互聯網，並且正在藉由工業互聯網實現多個層
級、不同領域的供應商，與最後商品車輛組裝工廠的全面數位化連
接、即時分享相關資訊。由此一基礎，也可以看到未來汽車製造在
中國大陸即將跟隨德國奧迪汽車的腳步，透過工業互聯網的高度數
位化供應網路整合，進一步邁向多層次的零部件供應商，未來一個
基於工業互聯網去聯結大量零部件供應商的工業互聯網應該是指日
可待，屆時將可以完全實現即時協同運作的數位化供應網路！

　　不論是傳統電商還是「新零售」，在面對多種通路經營與多地庫存的實體運作時，經常會遇到實體庫存被多個通路爭奪的問題，也經常會面臨行銷部門促銷活動的方式過於創新，物流部門的配合經常在系統修改或流通加工（改包裝）來不及跟上腳步等問題。以下是一個值得參考的實際成功案例。

商流、物流分離的全通路訂單履約流程 D1 D2 D3

在全通路的「新零售」業態之下，供應鏈管理的交付流程，如何才能做好具有彈性、又能持續提供具備高品質且符合成本效益的物流服務？這就需要「新零售」企業明確制定在供應鏈交付的策略。為了建立多個通路可以同步、一致做好高度彈性化的訂單履約能力，「新零售」企業必須打造以商流、物流分離的全通路訂單履約模式，才能使得多個不同位置的庫存，同時被不同的通路訂單所充分運用。本案例可以使得訂單充分運用區域物流中心 (RDC)、門市專賣店，以及百貨公司專櫃內的所有庫存，彈性地支持訂單履約的全過程，非常值得正在向「新零售」轉型的企業做為參考。

世界五百強化妝品牌全通路數位化供應鏈系統

世界五百強化妝品集團（以下稱為 A 集團）為了打造精益化供應鏈物流體系，引入「通天曉軟件 (www.ittx.com.cn)」的多個軟體系統模組，包含：「全通路訂單管理系統 OMS」＋「倉庫管理系統 WMS」、「供應鏈視覺化平台 SCV」＋「計費管理系統 BMS」整體解決方案，全面提升了物流供應鏈資訊化水準，實現整體供應鏈管理效率的大幅提升及物流精益化管理的目標，同時也預留了可以連接自動化物流中心相關設備的介面。

●「新零售」的全通路經營挑戰

A 集團經營範圍遍及全球，其業務涵蓋化妝品、染髮用品、護膚品、防曬用品、彩妝、香水等領域。在中國大陸的供應鏈服務涵蓋線下各大門店和線上官方旗艦店、電商通路等多種通路類型。面

對「新零售」經營環境的競爭，A集團由於發展戰略的調整，新的通路不斷擴張，業務量快速增加，面對大促銷期間多通路同時下單爆出的天量訂單，供應鏈物流管理面臨巨大的挑戰，因為只有達成極高比例的完美訂單（Perfect Order：準時、產品數量正確、產品品質無問題、無任何破損完成配送的訂單）的訂單履約標準，才能符合A集團的數位化供應鏈升級目標，與「新零售」時代消費者的期望。

1. 隨著通路的增加，每日需處理的訂單快速增加，尤其是面對電商通路年度大促銷的爆量（月均單量十倍以上）特性，使得原有的物流資訊系統各模組，已完全無法滿足「新零售」業務當前的需求及未來業務的發展；

2. 原有的資訊系統供應商回應不夠即時，供應鏈各環節連結不順暢，導致各單位之間溝通成本增加；

3. 店舖庫存的手工調控方式，無法最大程度提高倉內實際庫存利用率，增加了倉儲成本；

4. 售後服務與退貨的作業需要人工決策，隨著業績增加，人工處理量也依比例增加，大大加重人員的工作量及時間成本；

5. 物流外包費用資料和財務資料無法緊密關聯，重複勞動力，增加人力成本投入；

6. 對缺貨訂單缺乏自動化處理，純手工操作大批量同屬性訂單，影響工作效率；

因此，A集團開始聚焦在高度數位化供應鏈與物流系統的升級，希望能建構精益化的供應鏈物流管理，同時提供給消費者更好的購物體驗與滿意的服務。

● **全通路數位化供應鏈物流管理解決方案**

針對上述全通路零售環境下的問題點，通天曉軟件提出以化妝

▲ 6-15：通天曉全系統模組在供應鏈中相對位置架構圖。

品行業的數位化解決方案 (Industry Digitalization Solution)，建立化妝品行業「新零售」經營模式下的全供應鏈物流管理數位化系統，包含：「全通路訂單管理系統 OMS」+「倉庫管理系統 WMS」、「供應鏈視覺化平台 SCV」+「計費管理系統 BMS」整體解決方案，以實現 A 集團供應鏈管理在「新零售」經營模式下的整體升級。

解決方案重點一：

提供 A 集團多通路一體化庫存管理，有效去除重複庫存，以降低總體庫存天數。

對於 A 集團原有作法，每個通路對應的各自庫存，導致庫存利用率相對較低的問題等，採用 OMS 系統的「訂單處理規則庫設定」，為其實現多通路訂單的彙總和智慧分析，做到多通路一體化庫存管理，即同一個 SKU 庫存，各個通路都可以銷售，大大降低多個倉庫的安全庫存，與總體的庫存天數。另外，系統對多通路訂單業務，

採用雲端運算同步匹配三千多種行銷規則，提升訂單處理的效率。OMS 系統創下單日處理超過 500 萬張以上訂單的紀錄，達成了海量訂單處理能力，以確保 A 集團在年度大促銷期間面對訂單爆量的快速處理能力。

解決方案重點二：

建立 A 集團不同外包物流公司的系統介面對接與庫存整合，加速全供應鏈數位化協同。

OMS 系統除了可以對接 WMS 系統外，還可以與 A 集團外包倉庫的其他品牌 WMS 系統進行對接，與跨 WMS 系統的「多倉庫即時庫存資料」整合。同時，經過 OMS 系統接收彙總全通路訂單後，下發至其自營倉庫、外包倉庫等全中國大陸八大區域物流中心進行出貨。WMS 系統收到 OMS 系統轉發的「確認訂單」後，進行從入庫流程→庫存管理→出庫流程的全面流程管控，並針對單一儲位 (Storage Location) 從化妝品行業要求的批次管控、儲位類型、儲位容量等維度，實現超細的資料顆粒度管理，以達成 A 集團多品牌、多出庫模式的管理需求。WMS 系統也可以與自動化設備連線作業，A 集團倉庫中連接了電子標籤揀貨系統、RF 揀貨車等自動化設備，大幅度地提升訂單揀貨速度與揀貨作業的準確性，整體提升了 A 集團倉儲在訂單高峰期的作業能力，和總體供應鏈的服務水準。目前 WMS 系統每個倉庫單日可處理超過 40 萬張訂單，2018 年雙 11 年度大促銷創下超過 200 萬張訂單的處理紀錄。

● **全供應鏈即時透明化動態管理**

通過 OMS、WMS、TMS、SCV、BMS 等不同系統模組的聯合作業，A 集團建立起對訂單、庫存和倉庫的有效管理，整合自營和外包倉庫的即時管理能力。A 集團實現各通路庫存的透明化管控，即時掌握各地所有庫內的商品狀態及位置，並搭配 SCV 平台的看板記

錄倉庫員工的作業績效，不僅可以提升員工工作績效（包含自營與外包倉庫員工），也可以提供 BMS 系統結帳時多重的稽核資料。同時，BMS 系統將業務資料和帳務資料緊密關聯，通過財務資料與外包業務帳目資料即時核算，可以準確驗證物流費用的結算成果。

● **實踐精益化化妝品供應鏈管理**

A 集團在引進通天曉軟件的化妝品行業數位化供應鏈解決方案後，實現了全供應鏈快速協同，加快庫存量週轉；通過庫存共用、多倉聯動，實現貨品就近出入庫，以最快的速度回饋市場訂單，實現快捷供應鏈物流服務；資料即時同步化，使供應鏈資料在多個單位之間（化妝品公司中國區總部、各地分公司、各地門店、各地倉庫、外包物流公司、個人客戶等），以即時同步的速度產生高度的協同。實際上，這就是以商流為主來提升訂單履約能力的數位化供應鏈交付管理方式。

針對 A 集團使用通天曉 WMS 系統在四流的作法整理如下：

商流：行銷規則彈性設定、多通路別多倉庫別庫存分配規則（訂單鎖定特定庫存後交給 WMS 系統進行出貨）、最佳化選擇就近客戶倉庫出貨等；

物流：多地多倉庫存、多層次倉庫網路 RDC+FDC 等、OMS 系統接單以後即時生成最佳化出貨倉庫指令，同步發送給 WMS 與 TMS 系統、門店庫存可列入出貨、門店也可暫存打包後商品做為出貨點等；

資訊流：SCV 平台提供全供應鏈透明化資料管理、OMS+WMS+TMS 三者之間完全整合的資訊流與可訂製化規則庫；

金流：以 BMS 系統整合 OMS、WMS、TMS 系統之間所有費用的細節，包含：物流運輸合同計費規則設定與計算、倉庫外包人力費用自動計算、前置倉費用、多視角費用查詢等。

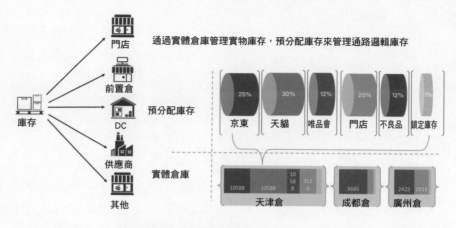

通過實體倉庫管理實物庫存，預分配庫存來管理通路邏輯庫存

門店

前置倉

庫存

DC

供應商

其他

預分配庫存

實體倉庫

京東	天貓	唯品會	門店	不良品	鎖定庫存
25%	30%	12%	20%	12%	1%

天津倉　　　　成都倉　　廣州倉

・靈活多樣的預分配庫存設置
・更加靈活的訂單處置邏輯

▲ 6-16：通天曉 WMS 系統在全通路的多個實體倉庫、多個邏輯庫存分配模型。

　　本案例體現了四流合一下，高度數位化供應鏈的訂單履約全流程交付管理，在「新零售」經營模式下的整合，以商流為核心的 OMS 系統，做為整個供應鏈物流系統的核心模組，運用最佳化計算完整解決了多通路、多倉庫、多家電商的交叉運算，在電商行業大促銷期間超高訂單數與複雜行銷規則的訂單處理、訂單快速履約等難題。不僅達成供應鏈系統透明可視化、可追溯、高等算法智慧化等目標，同時也能使倉庫內的操作遵循最基本的進、出、存等簡單操作，不受複雜的促銷方案影響，確保該公司的消費者能充分享受快速購物、高比例完美訂單配送的美好購物體驗，同時達成全通路供應鏈運作在訂單履約單位成本的降低！

　　資料來源：通天曉軟件(www.ittx.com.cn)提供

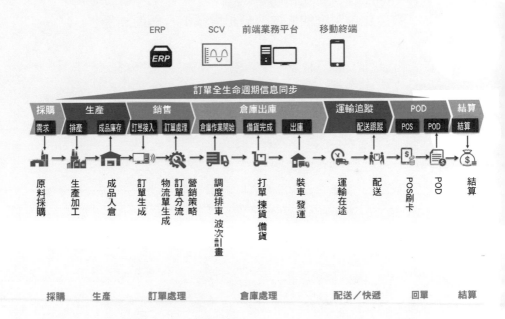

ERP　　　SCV　　　前端業務平台　　　移動終端

訂單全生命週期信息同步

採購	生產		銷售		倉庫出庫			運輸追蹤	POD		結算
需求	排產	成品庫存	訂單接入	訂單處理	倉庫作業開始	備貨完成	出庫	配送跟蹤	POS	POD	結算

原料採購　生產加工　成品入倉　訂單生成　營銷策略 物流單生成 訂單分流　調度排車 波次計畫　打單揀貨 備貨　裝車 發運　運輸在途　配送　POS刷卡　POD　結算

採購　　生產　　訂單處理　　倉庫處理　　配送／快遞　回單　結算

▲ 6-17：通天曉系統在全供應鏈的訂單狀態以即時更新，打造透明化供應鏈管理。

191

數位化供應鏈的大數據分析與精準行銷的關係 `M1`

藉由高度數位化的各種技術深度運用,例如:人工智慧、大數據、高等分析算法、客戶畫像分析,數位化供應鏈可以設計在每個運作環節,進行相關大數據的收集,以便為後續的供應鏈規劃、精準行銷策略,做出深度的洞見分析。根據這些大數據分析與客戶畫像 + 商品偏好的分析結果,「新零售」企業有機會根據深度的洞見分析,進而創新供應鏈生產與交付的模式,以便充分因應大量訂製化,同時又能設法達成降低供應鏈各環節成本、提升彈性等要求。

由於「新零售」經營環境是「客戶為王」,凡事都要追蹤記錄到單一客戶的超細「資料顆粒度 (Data Granularity)」,要達成完美的超細顆粒度服務,使得供應鏈管理的複雜度大為增加,不但需要計算的資料大幅度增加,連可以留給供應鏈分析計算做出決策的前置時間,也大幅度縮短。因此,對於傳統的供應鏈管理原有資訊系統的資料顆粒度,也必須做出結構性的改變。這些改變包含資料庫中所記載的資料大量增加更細緻的資料顆粒度,甚至必須考慮在大數據分析的後台資料庫,採用全新的「巨量資料」型式的特殊資料庫(例如:Hadoop, Google 在 2008 年發表的免費巨量資料庫架構,詳見第八章「新零售的精準行銷」)。

傳統的降低供應鏈成本的主要方法之一,就是盡量提高每批次的生產數量,單一批次的製造量越大越好。然而,在工業 4.0 與 C2F 的標準下,經常會是「批量 = 1」的極端情況,這會使得供應鏈管理的複雜度與即時性的要求達到極致。也因為這樣的供應鏈管理特性,「新零售」的數位化供應鏈需要考慮建立具備人工智慧、大數據算法、高等算法的「供

應鏈管理自主型決策模組 (Autonomous Decision Making Module for Supply Chain Management)」，以便能以超高速度監測並運算出數位化供應網路需要立刻調整的位置與相關係數，並且透過虛實融合的 CPS 等級生產車間設備，與大數據測算模組用來取代最傳統的人工 + EXCEL 表格的緩慢計算。甚至對於供應鏈管理軟體系統的部分或全部模組，用大數據計算模型進行更換，以便提升到複雜模型的秒級計算能力。經過這樣的高度數位化改造的供應鏈模型算法，就能進行供應鏈模型上各種決策相關資料的自動化更新、重大改變由人工複核放行等方式，高速管理整個供應鏈的動態。因此，「新零售」的高度數位化供應鏈管理的相關專業知識與方法，比起傳統供應鏈策略將會發生革命性的轉變，供應鏈計畫部門的許多人力可能會在五至十年之內，被人工智慧與大數據分析的軟體模組，取代大部分的計算與推論工作，並且可以 7 天 ×24 小時不間斷地監控與回應整個高度數位化供應鏈的秒級透明化數據。

例如：決策者在面對某一家生鮮電商門市具備約 8,000 至 20,000 個 SKU 產品種類，同時還有上百家門店，與幾千個精細追蹤、進行即時促銷跟進的客戶畫像群時，如果沒有強大的大數據分析系統，以及對於客戶畫像的人工智慧與高等算法的系統模塊，單純地以超市店長的腦力是無法即時處理所有問題的，即使總部的行銷部門、供應鏈計畫部門能看到所有的即時資料與需要決策的資訊（例如：大數據分析後針對所有客戶畫像群的調整建議），也來不及看完，就算人工能看完、還是來不及以人工來做即時的調整。因此，真正符合「新零售」經營環境的供應鏈管理，需要更有效率、更高速的決策模式，才能使得供應鏈單位總成本有所降低，並同步實現「新零售」供應鏈管理的超細顆粒度資料分析與應用。這些都需要依賴「新零售」企業建立基於大數據分析、人工智慧，與高等算法的供應鏈管理自主型決策模組的方式才能實現！

　　未來具備網路式架構的高度數位化供應鏈配合 C2F 生產模式，與服務個人客戶「新零售」模式，而建立的高度數位化的能力，會深度改變未來供應鏈管理的方式。大量的供應鏈計畫人員的分析與計畫工作，例如：銷售預估或需求預估等，將會被人工智慧、大數據的深度應用與高等算法的系統模組所取代。而這些高度數位化的供應鏈人工智慧模組的運算能力，也將會成千上萬倍的超過目前以人工 + EXCEL 表格、或是簡單的供應鏈管理系統預估模組所能計算的範圍。

　　舉例來説，在訂單處理環節，系統可以收集客戶消費行為的大數據進行分析，系統可以根據客戶的收貨地址、最後一哩出貨地點（如：生鮮電商的出貨超市門店地址），分析出「新零售」企業在不同城市、同城市不同商圈的客戶畫像。系統也可以根據客戶購買特定類別商品的大數據分析，來追蹤每個街道區塊的購買頻率。熟悉現行傳統供應鏈銷售預估或是需求預估的供應鏈專業計畫人員，就可以立刻感受到「新零售」時代大數據的威力。相較於目前多數公司的供應鏈計畫人員，多以 Excel 表格或專屬系統模塊的方式，預估整個城市的單品預估數量（每個單品在單一城市的銷售預估資料，顆粒度較大），現在透過「新零售」對單一客戶或代表單一家庭的訂單資料，進行大數據分析（每個單品在單一街道區域的銷售預估資料，顆粒度很小），卻可以使「新零售」企業得到街道區塊級別，這種超細資料顆粒度的銷售預估資料。這些資料不但比傳統作法透過經銷商、KA 現代通路取得的 Sell-In 數量（對通路的銷售量）要詳細得多，而且是真正每個單一客戶的 Sell-Through 數量（對消費者真正銷售的數量）。任何有經驗的供應鏈需求預估計畫專業人員都可以立刻發現，一旦假以時日，客戶購買的訂單越多，大數據對於帶有配送地址 GPS 座標的每張訂單分析結果，將會使得每個街道區域的銷售預估準確到現在難以想像的精度。而這些巨量的客戶訂單分析資料，可以即時傳輸到數位化供應網路的系統核心──數位化供應鏈資訊核心

平台（此為內部平台），並透過系統的人工智慧與作業研究 (Operation Research) 的高等數學算法，即時決定整個供應網路的每個環節是否需要做出任何改變。工業互聯網則是根據資訊不同的權限，把相關資訊或指令立刻分配給相對應的供應鏈合作夥伴，包含：各層級供應商、全球各地的工廠、單一車間、單一生產線、單一生產線的工作站、供應鏈計畫團隊、「新零售」企業各部門主管、物流公司、送貨上門的騎手、客戶、客服部門等。因此，在高度數位化供應網路的工業互聯網環境下，所有的供應網路上「同步協同作業」的理想，能在真正即時秒級更新資料的工業互聯網架構下得以真正普及實現！

● **藉由高度數位化供應鏈管理，達成全供應鏈成本降低。**

就「新零售」的供應鏈計畫而言，也同樣需要供應鏈管理自主型決策模組的相關專業運算能力。在第二章曾提及有關生鮮電商在銷售預估的精準行銷與精準預估的作法，訂單資料的超細顆粒度會達到街道區塊級別。這些銷售資料透過大數據分析，配合每個生鮮電商單一門店所累積的成千上萬個細分後的客戶畫像群，將會使得 C2F 的品牌商精準行銷部門，不再只是坐等客戶上門來下單訂購，而是對於經常性需要購買的產品能進行精準的預估、精準的促銷。假設有個街道區塊的客戶群，透過大數據分析顯示出對於某品牌的牛奶相關產品特別感興趣，則可以由數位化供應鏈的「需求計畫模組」高速計算後，即時且適當地對當地附近的超市將該類型商品的庫存給予適當調高，降低該街道區域客戶購買下單時的缺貨率，實現藉由大數據分析與人工智慧協助每個門店進行「智慧選品」，達成每個門店的 SKU 組合，與每個 SKU 的安全庫存都有自己特色化的結果，也就是所謂的「千店千面」。

相信這樣宏偉的願景，正在由案例中的生鮮電商業者在不同地區努力實現中，一旦「新零售」企業在某個城市建立完整的生鮮電商大數據

分析之後，對於客戶消費行為的深入理解，將會使得供應鏈需求預估的風險下降很多，經過適當的分析整理，能進一步降低供應鏈的物流總成本，降低生鮮電商門店的非必要損耗，並進一步提升生鮮電商門店的訂單平均金額。因為準確的預估可以使得每個生鮮電商門店，對於非主力產品不會過多進貨（減少進貨過多的損耗或低價促銷成本），也不會對於暢銷品過少進貨（增加每個想買的消費者下單金額）。

目前中國大陸的生鮮電商廠商眾多，大多數都是可以二十四小時利用手機 APP 下單，但是配送到家的服務時間則大多集中在每天早上九點至晚上九點，也就是線下超市門店的營業時段。線上 APP 可以多出 D 日晚上九點至 D+1 日早上八點五十九分的下單時間，勢必有許多客戶會在這個時間帶下單，然後指定 D+1 日的早上九點至晚上九點間的某個時段在家中接收訂單商品。如果晚上蔬菜生鮮商品的庫存為零，就會使得晚上下單的客戶無法訂購而喪失商機，如果提高庫存讓每晚九點以後還有蔬果生鮮肉品等庫存，如何能達成第二天早上九點就進行配送？安全庫存是應該以天來計算，還是應該以每天的不同時段來計算，以便達成對客戶可以二十四小時下單的承諾與服務的體驗？這些都需要高度數位化的供應鏈需求計畫模組，來進行超細資料顆粒度的即時運算，才能完美詳細地做好整個供應鏈的協同。如果以人工來輪班計算或是負責即時調控，不但成本偏高，也無法即時做好相關資料數據的調控。

同時，這些寶貴的大數據分析結果，已成為反饋給製造商的珍貴資料，因為這些超細資料顆粒度的詳細資料與大數據分析結果，可以提供給任何對於相同地區有興趣行銷的品牌，做為非常有效的銷售分析依據。提供這些「新零售」的大數據分析結果與報告，將會是「新零售」企業可以與新一代廣告行業合作的重大資源。這也是為何縱然短期仍在虧損狀態，仍然有這麼多的創投公司願意持續投資的主要原因之一。

新零售供應鏈的成本結構與效益評估

新零售供應鏈的成本結構

本章節所説明的供應鏈成本，是以全供應鏈管理為範圍的成本，起點是原材料採購（或買賣行業的進貨採購），終點是產品送達客戶簽收或是退回。由於「新零售」企業是以「客戶為王」的思路為基準，因此本書的供應鏈是以服務客戶的需求，完成客戶下單以後的訂單履約為準。根據此一定義，我們可以看到供應鏈總成本的結構如下：

供應鏈總成本 =

製造成本／委外加工成本（原材料成本+加工成本+製造設備與廠房折舊+製造損耗與壞品）／或進貨成本（僅適用於買賣行業）+

庫存持有成本（庫存資金利息+倉庫儲存成本+庫存貶值風險（貶值、過期）+備抵盤虧（帳管錯誤、損耗、損壞、失竊、天災損壞等）+

供應鏈系統與計畫成本（供應鏈全程所有系統折舊+系統管理人力成本+供應鏈計畫人力成本）+

物流成本（倉庫運作成本+運輸成本+物流管理人力成本）+

售後服務成本（客戶服務部門成本＋退換貨損失＋退換貨處理成本）

讀者可能會感到驚訝，供應鏈總成本的項目居然這麼多，佔全公司成本的比例竟然這麼高！

沒錯，供應鏈總成本佔公司總成本的比例非常高。本書的前述章節已經提到，根據 2019 年 8 月中央 2 台節目「交易時間」最新的報導，中國大陸生鮮電商在 2018 年全年的經營績效，大部分都處於虧損狀態，僅有 1% 盈利，而虧損的主要來源就是供應鏈成本過高。以傳統電

商為例，在中國大陸由於過去幾年傳統電商（以常溫商品為主）高速成長為總銷售額與總訂單量世界第一（超越美國），以 BAT(Baidu.com, Alibaba.com, Tencent) 為主流的百度集團、阿里集團與騰訊集團，以及其他主要傳統電商平台，如：天貓、京東、蘇寧易購等，大量搶奪了傳統超市的「到店消費購買」模式，改為由消費者直接在手機、網站下單就能配送到家，產生了很高的收入與利潤。但是生鮮電商則是全新的「新零售」領域，雖然在中國大陸以連鎖超市現有規模而言，仍然擁有 10 萬億元人民幣等級的超大市場規模，但是由於生鮮商品需要冷凍、冷藏、容易腐壞、容易壓壞、長途配送損耗率高等，較為脆弱的物理特性，生鮮電商的供應鏈總體成本，比傳統電商的供應鏈總體成本要高出許多。自從 2015 年多家實體超市受到傳統電商壓力陸續倒閉，引起生鮮電商公司紛紛崛起至今，供應鏈成本仍然是號稱未來電商藍海市場的生鮮電商的最大虧損來源。如果未來誰能克服生鮮電商供應鏈高成本率的問題，誰就能在未來的生鮮電商競爭中勝出。

京東物流邁入盈虧平衡 D1

　　2019 年 8 月 13 日中國大陸的京東集團發布同年第二季財報，顯示第二季度單季度營收 1,503 億元人民幣，淨利潤為 36 億元人民幣，同比增速 644%，各項資料創歷史新高。其中，物流和其他收入為 56.9 億元人民幣，同比增長 98.1%；特別強調京東物流已經開始打平並且盈利。

　　分析京東物流從四年前進入三到六線城市，剛開始物流成本比較高，因為競爭力度比較小，隨著在低線市場的佈局逐步完善，履約費用率在逐步下降（已經從 2019 年 Q1 的 6.7% 降至 Q2 的 6.1%）。京東物流之所以能夠在短短的幾個月內，由虧損邁入接近盈虧平衡，核心重點在於開源節流同步進行，並獲得明顯成效，而董事長劉強東在 2019 年 4 月份就明確表示，如果扣除內部結算，京東物流 2018 年虧損總額超過 28 億元人民幣，核心原因就是外部單量太少，內部成本太高。因此，京東對於配送員進行取消底薪制等大幅度減薪的措施，同時增加外部物流收入，京東物流及其他服務收入，光 2019 年上半年的增長率即高達 98.1%，遠高於行業平均水準。（依據中國國家郵政局資料，2019 上半年全行業業務收入完成 4,528.6 億元人民幣，比去年同期成長 21.1%。）

　　京東商城的一個最大優勢，就是配送快！許多在同一個「免郵區」，如：長三角地區的江蘇省、浙江省、上海市內發出的京東商城訂單，經常可以在半天或是次日上午就送達。此外，京東物流的揀貨正確度非常高，在採用自動倉庫亞洲一號之後，用戶在京東商城購物可以說百分之百收到的都是正確的商品。以京東商城的銷售能力，每天需要揀貨的行數都在幾百萬訂單行 (Order Line) 以上，

如果沒有使用全自動化倉庫來進行揀貨，人工倉庫揀貨的錯誤率想要控制到 100 PPM 以下，幾乎是不太可能實現。

由京東的案例可以看出，自動化物流的精度與速度，可以成為「新零售」時代的策略武器，因為配送速度快是客戶可以直接感受到的客戶價值，而且京東已覆蓋全中國大陸的供應鏈網路，想要達成同等的服務水平，京東的競爭對手如果不投入足夠的資金與技術將很難超越。憑著京東已經能夠深入全中國大陸三、四線城市的物流網路，正是京東物流最大的價值所在，未來藉著這張深入全中國大陸的供應鏈網路，京東將可以更進一步地加速在傳統電商部門的發展，像是更加深入到五、六線城市的物流網路建設，同時也有助於京東在「新零售」行業的快速部署能力。

京東物流將中國大陸市場分為七個大區——華北、華東、華南、東北、華中、西南和西北，並且在北京、上海、廣州、瀋陽、武漢、成都和西安，這七個中心城市建立了物流中心，並設立區域物流中心，這是京東物流的第一級。由於單一區域需要物流中心配送的面積太大，又在濟南、南京、重慶等城市設立前置倉，存放週轉快的商品（不包含全品類商品），目的是為了加快對二、三線以下城市

指標	non-GAAP 淨利潤	物流及其他服務收入	自由現金流	物流與供應鏈	技術研發	活躍用戶數
具體情況	36億元，同比增長644%	56.9億元，同比增長98%	74億元	京東運營約600個倉庫，包括了約250萬平方公尺的雲倉面積在內，倉儲總面積超過1,500萬平方米。	投入37億元，同比增長34%	3.213億元，增長1,080萬元

▲ 6-18：京東 2019 年 Q2 財務報表重點。

▲ 6-19：京東物流「亞洲一號」外觀，資料來源：金羊網，作者：楊廣。引用自 http://big5.ycwb.com/site/cht/3c.ycwb.com/2019-05/31/content_30270006.htm。

消費者的配送速度，提升用戶體驗，這是第二級。再往下是分撥中心，第四級是中轉站，而第五級即終端級，便是配送站。配送員從配送站出發，用麵包車、三輪車、摩托車進行配送。京東物流在 2019 年的損益接近平衡，對於即將在未來成為全世界第一個線上零售額超過 1 萬億元美金的國家來說，這個規格的相關數據有相當大的代表性意義。

2019 年京東 Q2 的物流關鍵數據整理如下：

時間：2019 年 Q2

京東集團履約費用率：6.1%（京東物流接近損益平衡）

京東物流收入：59 億元人民幣

京東物流自有 V.S. 外部收入比例：7：3

京東物流員工數：10 萬人

京東物流倉儲面積：600 萬平方公尺倉庫（600 個倉庫以上）

配送能力：在中國大陸，包含：京津冀、長三角、成渝、長江中游、中原、關中平原等，十餘個城市群的二百多個城市在內，京東物流「半日達」（即「211限時達」）服務已成標配，「24小時達」城市平均覆蓋率已近95%。尤其在長三角、京津冀等地區，「半日達」覆蓋率近90%。

（京東物流部分相關資料來源引用自：微信公眾號「掌鏈傳媒」與本書作者整理 http://baijiahao.baidu.com/s?id=16420231040214995 19&wfr=spider&for=pc。）

▲ 6-20：京東物流自動化 AGV 路線別分揀設備，
資料來源：http://www.sznews.com/tech/content/2019-02/13/content_21404331.htm。

新零售數位化供應鏈升級轉型之路

在工業 4.0+ 物流 4.0 的時代來臨之際，真正會影響下一代企業競爭力的技術，幾乎都來自於與數位化、資訊化、自動化有關的最新技術，例如：人工智慧、大數據分析、智慧工廠、智慧物流、物聯網等。對於「新零售」發展趨勢有期待、有理想的企業高階領導者，勢必要深耕於引進相關的數位化技術，才能盡快趕上時代的腳步。而「新零售」企業的組織架構與新一代人才培育方式，就成了「新零售」企業在策略規劃之中，必須面對卻又難以輕易解決的關鍵問題。

數位化供應鏈管理的組織規劃策略與人才培養

許多供應鏈管理高階經理人都會發現，幾乎亞洲的企業對於供應鏈管理的重要性，普遍都有認識不夠深入，甚至輕忽供應鏈管理的策略性地位等現象。有許多世界級亞洲企業完全沒有設立供應鏈部門，卻在多國設立工廠形成全球經營的供應鏈網路；或是設立了供應鏈管理部門，但是人數與預算非常少，只是象徵性的存在。這些現象不少都是存在於受到 3.0 世代以「製造技術為王」的觀念所影響的企業，供應鏈管理被忽略，而認為生產技術才是企業最核心的關鍵技術。

除此之外，供應鏈管理過去以來之所以較少受到亞洲企業的重視，筆者認為還有一個關鍵性原因——分權思想。供應鏈部門在公司組織架構設計中，如果是根據美國企業常見的「全功能供應鏈部門 (Full Function Supply Chain Department)」設計，會需要把除了行銷、銷售、財務、人事等機能以外、幾乎所有部門都納入供應鏈管理的範圍。由於亞洲企業傾向與分權制衡的組織架構設計，如果以美國發明的供應

鏈管理角度來設計組織，亞洲的企業主經常會覺得單一部門的授權範圍太大，因為美式企業的全功能供應鏈部門，一般包含：研發、產品設計、原材料採購、廠內物流、製造全流程、成品交付與銷售物流、退貨處理，甚至包含大部分的訂單管理。在多數亞洲企業內，這些機能部門最少會是隸屬於二至三個副總級的高階主管，例如：採購副總、製造副總、研發副總等，而不是由單一的供應鏈副總所管理的供應鏈部門。由於許多企業把供應鏈管理全流程切割為二至三個部門，因此全供應鏈角度的管理職責只有總經理才能總攬全局，但是總經理的工作通常極為繁忙，也有許多總經理並非供應鏈管理專業出身，導致許多企業缺少全供應鏈總成本最佳化的願景，以至於最終無法形成以供應鏈管理做為策略優勢，甚至以供應鏈管理的優勢做為企業優勢策略武器的大好機會。

筆者有幸接觸了許多知名大企業的高階管理者，發現最近兩、三年，許多高階管理者經常談到一個重要的問題：「數位化這麼重要，數位化的高級人才這麼稀缺，如何才能為企業找到合適的數位化轉型人才？」

在 2019 年一次供應鏈高峰會議時，筆者與其中一位主題演講者紅梅女士（前寶僑 P&G 亞洲區供應鏈創新與數位化中心總經理、全球供應鏈計畫卓越中心與亞太區供應鏈統合增效專案經理），交流了有關數位化供應鏈人才如何尋找與培養的議題。紅梅女士的答案，或許可以做為「新零售」企業老闆們的重要參考。她告訴筆者，P&G 採用的方式是把資訊部門的人，擇優選入專案小組來執行全公司數位化的改造，而資訊部門的一些日常開發工作，就透過一些創新的軟體工具（各種查詢報表、數據分析報表等），轉交給各部門的同仁自行處理。

筆者總結一下 P&G 的經驗，就是把挑戰性較高的數位化工作，交給具有資訊專業背景又熟悉公司運作的員工來執行，這些資訊部門資深員

工進入專案以後留下的工作，則由公司採購一些高效率的軟體工具來取代一部分工作量，並且培養各部門員工也都從事簡單的數位化工作，可以說是「全員數位化」的典範案例！

同樣在 2019 年初，筆者也發現，聯合利華 (Unilever) 在領英 (linkedIn.com) 刊登了一則公開徵才啟事，招聘一位北亞區總部的「數位化供應鏈轉型總監 (Digital Supply Chain Transformation Director)」，在工作描述 (Job Description) 中列出幾項對於該職位的要求標準：

1. 十五年以上全面供應鏈管理工作經驗，供應鏈計畫、物流管理、客戶服務、採購等。
2. 大型供應鏈專案管理經驗。
3. 具備供應鏈管理最佳化方案相關知識與經驗，全供應鏈即時可視化管理與決策管理、供應鏈自主化作業模組、供應鏈數位化整合流程等。
4. 大型專案管理經驗與策略化思維能力。

從以上列舉的職務要求的技術相關標準來看，這些數位化供應鏈的相關技術，在本章都已經提及並說明相關的應用模式。過去我們可能覺得很高檔的全供應鏈即時可視化管理與決策管理、供應鏈自主化作業模組等技術，在今天已經逐步變成實際用來競爭的策略武器。

以快速消費品 (FMCG: Fast Moving Consumer Goods) 而言，產品生產的核心技術雖然有些專利，但大多數技術都不是秘密。在資訊普及、價格透過網路行銷幾乎完全透明的當下，快速消費品公司可以用來競爭的策略性武器與優勢越來越有限，而幾大世界級的快速消費品公司都看到數位化供應鏈管理，對於善用人工智慧、先進算法等新技術，還有機會可以爭取最後一片競爭藍海。可見不僅僅是高科技行業，數位化

供應鏈管理已經成為所有消費品公司必爭之地。特別是寶僑與聯合利華都是屬於顧能公司 (Gartner) 自 2019 年開始列入全球供應鏈排行榜獲得「大師級 (Master)」稱號的五家企業之二,「供應鏈管理大師級」稱號是超越「全球前 25 名的供應鏈管理評比」的最高榮譽,他們的數位化人才培育思路,應該具有高度的參考價值。

高度數位化供應鏈管理的策略自我反思

1. 目前我們公司的傳統供應鏈管理策略是否明確？根據本章所列出的傳統供應鏈規劃要點，是否已經有明確的目標與可運作的管理流程？

2. 假設我們公司正在規劃「新零售」升級，可以考慮的高度數位化供應鏈管理策略有哪些？試著把這些策略、目標、管理流程的大綱寫下來。

3. 這些高度數位化供應鏈管理策略，是否已經有高階主管的支持與跨部門的共識？如果還沒有建立老闆的支持，應該如何說服他？如果還有其他部門主管不支持，應該如何說服他們？

4. 這些高度數位化供應鏈管理策略，有哪些是我們公司在一至二年內就可以獲得明顯的投資回報的？有哪些是需要長期才能獲得投資回報的？還有哪些策略的投資回報結果，大家都認為很難估計？

5. 這些高度數位化供應鏈管理策略的重要性排列，是否經過討論？對於這些策略最重要的前三名，是否能產生跨部門的高階主管共識？在這三個最重要的高度數位化供應鏈策略裡面，有哪幾個能夠為我們公司帶來明顯的競爭優勢？（例如：客戶下單數持續增加、提升訂單平均金額、提升訂單平均利潤率，或是其他公司認為重要的策略性指標）

第7章
新零售的
精準行銷

高度數位化
供應鏈管理

組織與
人才培育

精準行銷

客戶體驗管理

精準行銷的基本定義

「精準行銷」的戰術層次定義，是基於個人客戶的大數據分析，對於個人客戶消費行為進行的連續觀察與互動的行銷活動。不論是早期稱為「數位行銷 (eMarketing)」，或是近來稱為精準行銷，都體現了傳統的實體通路行銷，向數位化的全通路融合式行銷轉型進化的結果。就行銷管理的策略層次內涵而言，精準行銷不僅是單純地把實體通路擴充變成多個實體通路 + 數位化通路而已。最重要的是行銷人必須基於虛實融合的多種通路型態進行充分的整合與融合，並給消費者帶來全新的消費體驗與生活型態。

以日常生活中最常見的超市來說，在傳統零售的時代，超市就有會員卡記錄每個會員的消費明細，但是由於缺少了大數據分析與足夠的數位化能力，一般來說，超市業者大多都無法推動具有針對性、只對單一客戶個別推廣的行銷活動。大部分的行銷活動，主要是 DM 發放、直接郵寄 DM 到會員家中等。時至今日，許多知名百貨公司仍然持續進行這一類推廣活動，在缺乏大數據的分析提供更詳細的洞見情形下，只有某些百貨公司針對 VIP 等級的高消費客戶提供一些特殊優惠，例如：貴賓折扣、專屬的貴賓休息室免費提供茶飲、咖啡等。然而，多數的百貨公司鮮少進行針對個人的促銷活動，也沒有針對個人的消費提醒等促銷互動的作法，完全浪費了會員卡消費記錄下來的有用數據。相反地，在化妝品、精品名牌等專櫃留下的資料，反而能接收不少優惠活動的資訊，而且這些優惠活動宣傳是能直接觸及個人消費者的，也更加有效。但是仔細觀察就能發現，這些百貨公司專櫃的優惠活動都是特定品牌設定的無差別優惠，沒有針對個人的需求、消費習慣做大數據分析，也沒有對個人的消費習慣做出更積極的互動。而且只有單一品牌的專櫃記錄客戶

個人的消費資料，也無法形成任何相同品類或是相關品類的交叉分析（例如：不同品牌的化妝品屬於相同品類，女鞋則屬於相關品類），或是透過大數據分析產生跨品類的洞見，對潛在可能下單的消費者產生更多的精準觸達，進而提供客戶更好的服務並提升業績。

雖然目前有些百貨公司已經在台灣推動手機 APP 的下載，仍然缺少針對個人發出的促銷與互動式的行銷方式，雖然有手機 APP 好像是在針對個人客戶做行銷，但是如果缺乏實際的個人化行銷活動與相關的管理機制，仍然只能歸納在傳統零售的管理模式。

以「新零售」企業的角度來看，上述百貨公司或超市只是單純地使用會員資料寄發 DM，既沒能充分利用個人消費者的消費紀錄，也沒有引進任何大數據分析，實在是白白浪費了許多有價值的資料與可預見的商機。同樣地，即使化妝品、精品名牌等專櫃留下了客戶資料，也沒有充分應用大數據來提升業績，與客戶產生更深層次的互動，其實以精準行銷的標準來看，這些都算是浪費了可預見的商機。

一旦企業決定採用「新零售」模式來經營，相當於同時做了下列幾個策略性的決定：

- 採用直接面對個人客戶的互動方式來做生意。
- 採用高度數位化的供應鏈，進行商品的設計、生產、交付與售後服務。
- 採用精準行銷的方式來記錄、銷售、推廣、提升整體業績與毛利率（包含：節省行銷與供應鏈管理成本）。

由於「新零售」企業採用直接與個人客戶做生意的方式，就能直接記錄單一客戶所有的消費紀錄。累積這些單一客戶消費紀錄的資料庫並進行大數據分析，就能很快找到單一客戶的消費偏好、特定產品在不同

客戶的使用速度，與重複購買的頻率等珍貴的行銷資料數據。（客戶消費資料的蒐集，需要先由消費者確認同意品牌業者進行後續的運用。）

「新零售」企業還可以透過針對客戶分布的地理維度的大數據分析，瞭解到客戶的分布位置，甚至計算出每個街道區塊，在每一個週期（日、週、月、季）的平均購買力（量／金額）。

同時在其他客戶偏好的各個維度，「新零售」企業可以分析並歸納出成百上千的客戶畫像，進行客戶小眾群體的區分與跟進。這時候可以考慮透過手機簡訊、社交媒體帳號與單一客戶直接互動。

「新零售」企業為了更加深入瞭解精準行銷策略層次的內涵，必須對於傳統行銷進行完整的整理與審視。首先必須確立一個基本概念，傳統行銷定義的行銷組合 4P：產品 Product、價格 Price、促銷 Promotion、通路 Place 並沒有消失，每個零售訂單成交背後的行銷管理仍然包含這些最基本的行銷組合 4P，都需要行銷人加以規劃、執行與管理。同時，行銷大師菲利浦・科特勒在《行銷 4.0》一書就提出行銷 4P 應該加以升級，成為「行銷組合 4C」：共同創造 Co-creation、浮動定價 Currency、共同啟動 Communal Activation、對話 Conversation。（作者註：行銷組合 4C 中文翻譯根據《天下雜誌》2016 年發行的《行銷 4.0》中文版）

檢視本書所提供的各種案例，共同創造的精神在打鐵仔 (patya.com) 家具利用臉書粉絲團進行共同設計之中體現得非常到位，相信未來還會有更多的典範出現。而居然之家的 3D 裝修試衣間，不也是一種由全家人共同啟動與共同創造未來自己新家裝潢立體彩繪圖的互動式討論過程嗎？「浮動定價」對於網購一族來說應該非常熟悉，不論是限時特價優惠（例如雙 11）、還是超級優惠的「秒殺」令大家爭先搶奪，都是

▲ 7-1：浮動價格案例，即時顯示的藍色電子價格標籤，代表貨架上的商品是正在特價的商品。

浮動定價的顯現。因此，傳統超市的優惠券專家（Coupon 族）現在可以使用超市手機 APP，或是在逛超市時查看有特價優惠標示的電子價格標籤最新價格（請參見圖 7-1），來找尋當下最划算、性價比最高的產品，這正是浮動價格的最實際感受。「對話」則是 to C 的「新零售」消費模式所必須的，由於中間商已經完全去除，客戶得以直接接觸到品牌商，品牌商也不必透過通路商對消費者進行盲人摸象式的猜測，產品或服務所展現的客戶體驗成果的好壞，無論是感動的體現、不滿意的批評，客戶都會立刻在討論區之中提出來；品牌廠商也有機會向消費者直接傳達感謝或致歉。因此，「新零售」時代的行銷 4C，其實就是建立在傳統的行銷 4P 之上，更能貼近客戶，更加以客戶體驗與虛實融合的全通路緊密結合在一起，這才是精準行銷策略層次的內涵。同時，行銷最高境界就是創造客戶想要的更好生活型態，這個理想並沒有實質的改變。因此，

如何善用大數據與人工智慧的分析，以便達成提供更有附加價值、更有創意、更高性價比等生活型態給客戶的理想與創意，是行銷人永遠的理想與挑戰。在「新零售」時代，採用精準行銷的策略來接觸、服務與滿足每個個人客戶的需求，不因為某些客戶的需求屬於小眾市場而有過度的忽略，正是精準行銷的最高理想。

精準行銷四部曲

精準行銷的常用模式，可以用下列的四部曲來說明：

1. 引流與客戶標識：

引流是指「新零售」品牌企業透過各種方式接觸到潛在客戶，並設法使潛在客戶進入「新零售」企業計畫的某一個或是多個接觸點，以便讓潛在客戶成為會員。再透過會員身分的登記流程與各種促銷手法，使得客戶同意開放「新零售」企業合法蒐集客戶的 FB、LINE 或是微信等社交媒體帳號，或是在客戶手機下載並安裝 APP、微信小程序等軟體，以便「新零售」企業對客戶產生直接的連接管道，與對個人消費者進行明確的「標識」，以便後續連續記錄特定客戶的消費行為。

2. 行銷說服與訂單成功轉化：

客戶以某種形式加入「新零售」企業的會員，並不代表客戶已經被說服要進行下單購買，只是代表客戶被「新零售」企業完成標識，因此「新零售」企業對於個人客戶要進行後續的行銷說服，以便促進客戶想要進一步購買「新零售」企業的商品與服務。如果個人客戶能被各種行銷活動說服進行首次下單，則此一客戶就被列入當月的月活躍客戶之中，這個訂單不論金額大小，都可以被視為一次成功的「新零售」行銷活動。

3. 大數據分析與人工智慧處理＋CRM平台資訊管理：

根據訂單的消費行為相關的資料進行大數據分析，可以歸納出每個客戶屬於哪些特定客戶畫像的小眾群體，進而對不同的客戶畫像群體制定不同的行銷方案與推播資訊內容，以便根據客戶畫像來行銷為客戶量身訂做的產品，或是適合這個客戶畫像的規格化商品。

4. 個性化推播特定資訊給個人客戶：

根據大數據分析結果，針對不同的客戶畫像群體的資訊，可以發送特定的促銷資訊給指定的客戶畫像群體所屬的個人客戶，這些資訊藉由手機簡訊、社交媒體帳號等，直接接觸每一個個人客戶，希望使這些特定的客戶群能產生消費的想法與需求、或是對於被推薦產品的認知（對客戶來說可能是新品給予優惠，也可能是習慣使用的產品進行重複購買有優惠等）、甚至對特定客戶畫像的小眾群體產生有互動性的資訊交流等。當然，「新零售」企業為了實現精準行銷的理想，可能需要引進客戶關係管理系統 (CRM: Customer Relationship Management)，進行相關資料的即時記錄與管理。而適合「新零售」企業的新一代CRM系統，必須擁有連接社交軟體的能力，以便能針對特定的客戶提供專屬的資訊與互動，達成精準觸達個人客戶的效果。

在精準行銷四部曲之中，我們可以發現第一步驟極為關鍵。如果沒有針對單一個人客戶的標識，則後續的幾個步驟根本無法執行。目前針對標識個人客戶有許多種方式，最常見的還是以手機號碼、社交軟體帳號為主。例如：透過臉書、LINE、Instagram、推特、微信等帳號，進行個人客戶與商家會員身分的綁定，以便在客戶下單時能明確地辨識客戶的身分 (ID)，或是會員編號 (Membership Number)。綁定客戶的身分之後，所有的客戶下單場景都需要這個標識號碼做為下單的依據，讓所有的客戶訂單都能直接根據客戶的收貨地址、消費習慣等資料，並且

給予適當的服務。同時，又能完整的記錄每個客戶的消費行為，提供後台的大數據進行更詳細的分析。

為了能在訂單成交的同時，記錄客戶的身分資料，「新零售」企業或是傳統電商經常會使用引流的各種手法吸引人們下單。例如：我們常常在瀏覽一些社交網站的時候，會被安排看到廣告的鏈接，一旦點選廣告鏈接，則個人的社交軟體帳號也就同時被帶到廣告商家的資料裡，如果廣告內容確實吸引我們，我們可能會下單購買，這時候就能形成一次成功的「訂單轉化」。

2019 年第四季，在台灣取得手機 APP 裝機數量最具明顯成效的，應該是全聯社的 PXGo，在不到一年的推廣期間就取得 500 萬的用戶裝機量，成果相當可觀，可說是引流成功的案例。

能夠引流成功並且訂單轉化也成功的企業，不一定能充分利用這些記錄著個人客戶的消費資料，進行後續的大數據分析與行銷活動，這就是「新零售」企業與傳統電商很大的區別。比起傳統電商的海量商品與成交紀錄，「新零售」企業需要更注意兩個維度：在「貨」的要素部分，提供個性化的商品推薦、詳細記錄客戶個人需求等貼心的服務。在客戶體驗部分，提供針對客戶個人量身訂做的一些促銷活動。在「場」的要素部分，提供全通路 + 全場景線上到線下的不間斷體驗。

以生鮮電商行業為例，對於客戶購買紀錄、喜好商品、客戶畫像等，是否經過大數據分析能為客戶推薦他所需要的商品？例如：根據客戶消費頻率，提醒客戶該買米了，同時給予一些促銷優惠券、優先推薦的包裝米商品選擇。如果客戶本次採購是正好在超市裡，看到包裝米的優惠券也願意下單，卻不想自己把米提回家，是否有超市的工作人員可以協助正在自助收銀機下單的客戶，引導客戶將這張訂單改為配送到家？既

然客戶同意配送到家且使用手機 APP 支付，服務人員是否能順勢推銷一下其他的大件定期採購商品，像是沙拉油、紙巾等重量重或體積大的商品，而不是單純地只協助客戶在自助收銀機操作付款？如果這張訂單配送到家的時候，發現客戶住家沒有電梯又住在三樓以上，訂單配送紀錄能否提前給予配送人員提示，做好搬貨上樓的準備？假如上面這些選項，在「新零售」企業的訂單系統、供應鏈管理計畫都能完整地被考慮到，並且能夠培養好超市員工進行貼心的引導，則不難想見客戶的體驗不管在線上還是線下，都是很舒適、感覺很貼心。這時候，客戶對於這樣貼心的生鮮電商超市服務，一定會經常使用，也就是對於「新零售」企業服務的「黏性」（良好客戶體驗所形成的再消費期望，也就是回購率）一定會增加。

同時，經過手機 APP 支付的所有訂單都會留下消費紀錄，這些消費紀錄就可以提供給後台的大數據分析很好的資料來源。未來利用這些大數據分析後得到的洞見，透過 CRM 系統也能給新進的手機 APP 使用客戶，發出定期的採購優惠，持續做好保持客戶黏性的自動化精準行銷。

服務與產品的定位

　　無論如何強調各種「新零售」的新技術與新方法，對於客戶而言，零售的核心還是在於物有所值。在「通路為王」的時代，實體通路的高額投資與高額門店租金，成為通路行業的進入障礙，而高額的上架費、促銷陳列費，也成為小型生產企業進入線下門店的高門檻。「新零售」行業迷人之處，在於透過線上線下一體化的經營，與線上接觸客戶相對偏低的成本，小型企業也有機會在正確優秀的品牌定位與產品服務下，進入客戶的心智，搶佔市場佔有率。從 DW 手錶的案例，我們可以充分看到正確的品牌訴求──可負擔的輕奢，加上善用網紅的引流與認同感推薦，成功地把 DW 的品牌價值觀傳遞到世界上二百多個國家與地區。

　　因此，精準行銷不應該離開品牌定位與產品真正價值的提供，否則再多技術也無法持續吸引客戶來消費。就好比一家公司裝備了終極戰士套裝，也知道如何使用，瞄準的功能也很準確地瞄準了目標客戶，但是發射的武器缺少實質的效用，使得客戶在使用產品之後，沒有良好的客戶體驗，或是覺得產品的性價比低於其他競爭品牌。那麼「新零售」企業即使採用了精準行銷的策略，也投資了新技術，仍無法弭補產品性價比不足、缺少客戶價值的問題，最後客戶仍然很可能流失。

如何做好精準行銷

CRM 系統的功能與在精準行銷的應用

CRM 系統一詞，最早由顧能公司在 1999 年提出，主要用來管理製造業與客戶之間的互動關係，並且透過 CRM 系統的資料分析，促進公司對於客戶採購行為的更深入瞭解，以便提供給客戶更好的服務，並鞏固後續的銷售商機。

CRM 系統通常用在 B2B 與 B2C 兩大類型的客戶，而本章所討論的重點，主要是 CRM 在「新零售」的應用，因此集中在討論 CRM 系統在 B2C「新零售」企業的應用模式。

CRM 系統經過二十年的發展，已經形成許多不同的大型 CRM 系統品牌林立的情況，目前較為大型的 CRM 品牌多半集中在歐美企業。在「新零售」經營環境下，想要利用 CRM 的大數據分析模組，對於客戶畫像、消費行為進行分析，並且提供有效的客戶洞察，以便進行精準的行銷活動投放，應該是每個「新零售」企業對於 CRM 系統最大的期待。所以在評估 CRM 系統的採購時，「新零售」業者經常會提出利用 CRM 系統的分析結果，來選擇並發出針對部分選定客戶的促銷資訊，這些資訊發出的方法，除了手機簡訊之外，更有效的方法，最好是能發出針對客戶社交媒體帳號的相關資訊，藉此保證客戶收到的資訊是圖文並茂，甚至帶有最吸引人的影片，讓「新零售」企業更方便地傳送各種規劃好的行銷資訊。過去，許多外資的 CRM 並不具備與中國大陸月活最大的微信（每月活躍客戶數：10 億＋），或是其他即時通信手機 APP 連接的能力，但是這個局面在近期即將打破了。

2019 年 7 月,全球最大的 CRM 系統公司 SalesForce.com 與阿里巴巴集團共同宣布策略合作,相信 SalesForce.com 與具備全中國大陸最大客戶大數據分析資料庫的阿里巴巴集團,將會做出一些在「新零售」行業有關精準行銷的重要創新方法與系統。

手機 APP 的引流成功轉化率與成本

由於精準行銷必須要與單一客戶產生直接的互動與連接,使得手機 APP 與社交媒體的互動方式,成為精準行銷常用的個人化溝通方式與工具。自從蘋果手機發明了手機 APP 程式以來,全世界兩大手機操作系統——蘋果的 iOS 系統、谷歌的安卓系統,已開發了千萬個手機 APP,並向使用者發行。手機 APP 的功能有很多種,其中一個與「新零售」企業密切相關的主要功能,就是用在移動購物與招商引流。而使用手機 APP 做為移動購物的線上通路,可以直接連接客戶端購物與促銷,進行直接的互動,也可以直接記錄客戶所有的採購行為(包含:瀏覽順序、商品

購物應用成本與轉化率 (貨幣單位:美金)

安裝	$4.12	
註冊	$13.81	29.8% 安裝到註冊
購買	$39.38	10.5% 安裝到購買

▲ 7-2:手機 APP 的轉化率與平均每人成本。

選擇過程與點擊手機螢幕的所有紀錄）；雖有很多好處，但也必須付出一定的行銷成本。圖 7-2 的數據說明了美國的統計資料，從地推人員（在各種賣場或是人潮聚集處進行推廣安裝手機 APP 的人員簡稱）完成一次成功的手機 APP 下載，「新零售」企業需要支付約 4.12 元美金。下載安裝後，客戶進行以個人資料註冊帳號的成本，往上增加到 13.12 元美金，且安裝後進行註冊的比例僅有 29.8%。如果是從安裝、註冊到成功下單第一次，則平均每人次的成本高達 39.38 元美金，且以 APP 成功進行第一次下單的人數比例，只有安裝人數的 10.5%。可見手機 APP 的移動購物方式，需要大量的推廣經費，並非只是讓原有的線下門店會員直接安裝手機 APP，就能產生有效的訂單流量。因此，在決定使用手機 APP 的過程中，「新零售」企業仍需仔細思考相關的成本效益。

　　一旦「新零售」企業的手機 APP 推廣成功，這時候訂單數量會快速增加，且「新零售」企業可以透過手機 APP 進行各種「普及化」（所有會員促銷條件相同）與「個人化」（針對不同的會員有不同的促銷優惠或促銷重點）促銷活動，也可以透過簡單的手機 APP 遊戲、集點活動、打卡活動等，加強與個人客戶的互動深度，並促進個人客戶對於「新零售」企業的手機 APP 使用黏性。對於「新零售」企業來說，這是非常具有吸引力的行銷通路之一，所以手機 APP 也是目前移動購物的主流通路建設方法。

　　根據資料挖掘 (Dala Mining) 和商業智慧服務服務商 (AI business service provider)《Apptopia》的報告，2018 年手機購物 APP 的全球下載量增加到 57 億次，比 2017 年增加了將近 10%。同時，根據應用商店資料分析服務商 (App Store Data Analytical Provider)《App Annie》報告顯示，全球消費者在移動購物應用上，花費的總時數大幅增加。2018 年，用戶在手機 APP 內花費的時間總計為 180 億小時，比

2016 年增加了 45%。消費者不僅花了更多的時間在手機 APP 上購物，消費金額也在提高。根據《451 Research》的預測，2019 年是具有里程碑意義的一年，移動購物交易量將超過傳統電商交易量。該預測也指出，中國大陸將是這一波趨勢的主力推動者，並成為「第一個線上支出超過 1 萬億美元的國家」，而移動設備（手機、平板電腦等）是實現數位化商業的主要途徑。據研究公司《eMarketer》的預測，到 2022 年，在美國移動購物的銷售額將會實現翻倍增加，預計達到 4,322 億美元！

當然，所有的精準行銷管理者都很清楚，想要讓客戶增加一個新的 APP 安裝並不容易，也需要付出巨大的成本。但是由於「新零售」經營型態在各種行業不斷地發展，現在安裝各種手機 APP 已經逐年普及。根據移動行銷應用平台 LIFFOFF(www.liftoff.com)、移動監測與防弊公司 Adjust(www.adjust.com) 的分析與整理，近年來手機 APP 安裝與轉化的成本，正在連續逐年下降。

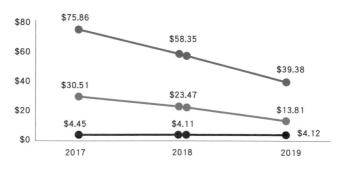

購物應用獲取成本（年度同比）　●—● 安裝　●—● 註冊　●—● 購買

▲ 7-3：手機 APP 安裝成本呈現逐年下降的趨勢。

使用社交媒體做為主要行銷工具

最近中國大陸在社交媒體的運用上，最成功的「新零售」月活躍客戶增加的案例，無疑是「拼多多」。拼多多的定位是瞄準「長尾效應」的多數客戶，重點在於客戶數多，不在於平均每單成交金額要高。甚至以拼多多經常的促銷模式而言，講究的是令長尾的廣大群眾能眼睛一亮的超高性價比產品，並且以拼團方式進行更低價格的多人集體採購。就在2019年11月，拼多多CEO黃崢宣布，拼多多實質GMV超越京東，站上了中國大陸電商市值超越京東的位置。而能在短短三年之內就超越京東的利器，就是拼多多善用微信的「朋友圈」功能，進行超級快速的社交裂變。

▲ 7-4：拼多多的新人首次購物優惠與各種品類紛呈的手機APP首頁。

新技術賦能精準行銷

大數據分析與人工智慧如何描繪客戶畫像？

客戶畫像，是指利用客戶訂單、消費行為與互動軟體（如：社交平台或手機 APP），所取得的客戶行為數據，經過大數據分析之後，得出的一些多維度的共通性描述。例如：某個 X 品類的商品，主要消費的客戶群可能來自「男性」、「年紀在二十至三十歲」、「購買頻率為每三個月一次」、「該客戶畫像群佔有 X 品類商品銷售的 50%」等的一種通則行為描述的數據。一般來說，簡單的客戶畫像分析，可以針對某些維度分析的結果，給客戶的基本資料註記客戶畫像類別「標籤」，根據這些標籤來進行對客戶的分類與進行促銷時的篩選。一般的 CRM 或是 SCRM(Social CRM) 基本上都具備這樣的功能，可以協助「新零售」企業的行銷人員快速找到促銷資訊發布的對象。

客戶畫像分析的建立，協助「新零售」企業的行銷人員，進行對主要購物的人群進行深度的瞭解與消費行為的分析。全球最大的市場研究調查公司尼爾森，在 2019 年生鮮電商購物者趨勢研究報告裡，提供了生鮮電商的客戶畫像可以做為在生鮮行業「新零售」企業的重要參考數據。

尼爾森的研究報告是針對全面性的市場分析，然而針對一些商品數量眾多且訂單量、客戶數都較多的「新零售」企業，實際分析的客戶畫像的群組數量細分的結果，數量可能會非常巨大，其數量級甚至可以達到百萬級、千萬級。這個數量級的大數據分析報告結果，人類根本無法看完！也因此在 4.0 世代「新零售」企業的精準行銷管理實務上，產生

訂單大數據分析結果必須使用人工智慧系統模組進行快速解析的需求，唯有如此才能在短時間內完成訂單消費行為的精準檢視與理解，進而借助 CRM 系統以自動化的方式，產生後續精準觸達個別客戶的資訊，然後直接進行小時等級，甚至分鐘等級的精準行銷快速回應。

客戶畫像的分析與在深度精準行銷的應用

總部位於中國大陸廣東省順德的家電企業「美的集團」，通過數位化行銷，實現消費者購賞的紀錄、購買管道、地域、使用偏好等資訊全部標籤化；一則使用者紀錄可以打上近六百個客戶畫像的分類標籤和多個層級的標籤屬性，形成三百六十度完整的客戶畫像；並基於此消費者大數據進行大規模訂製，更為精準高效地滿足消費者需求。（引用自：「埃森哲中國企業數字轉型指數」2019 年報告，Accenture）

在過去的 CRM 系統之中，對於設定客戶畫像分類標籤的作法，通常集中在人口統計相關變數（性別、年齡層、配送地址與所屬地理區域、收入等），與消費特性（金額、頻率、數量等）兩個主要的分析維度 (Dimension)。雖然我們無法確實知道美的集團的 CRM 的詳細客戶畫像分類標籤到底有哪些，但是可以看出美的集團的客戶畫像分類標籤數量，比起傳統 CRM 系統所提供的客戶畫像分類標籤數，要高出幾十倍的量級，而且對於客戶畫像分類標籤建立了多維度 (Multi-dimensional)、多層級的體系化框架。這就值得所有對於精準行銷感興趣的行銷人注意了！首先，多維度分析本來就是源自於多維度資料庫 (Multi-dimensional Database) 應用在資料挖掘的技術，這個技術大約在 1990 年代開始流行，當時受到資料庫技術與電腦計算速度的限制，多數系統僅用於高階的商業情報系統 (BIS: Business Intelligence System)，不適合成千上百

的使用者同時使用，否則很容易造成電腦運算緩慢等問題。現在使用大數據專用的資料庫架構（例如：Hadoop），則可以輕易在秒級回應的查詢之下，滿足對於 PB(Peta Binary Byte, 1PB=1,024 TB=1,048,576 GB) 等級的巨量資料查詢的運算需求。同時，多維度資料庫、資料挖掘的相關技術，雖然起源較早，但是經過二十多年以來的演進，仍然是在大數據分析時，除了高等數學算法以外，用來做為主要分析方法的主要工具。筆者曾經在 1998 年建立了基於 Oracle Sales Analyzer 的多維度資料庫，用來分析全公司的多角度銷售與利潤。由於受限於電腦的速度，即使資料庫服務器的 CPU 已經是當時計算能力最快之一，也僅能做為副總經理級以上與董事會報告的高階商業情報系統，不能供應多人使用。即使到今天，產品名稱在 Oracle 已經更新為 Oracle Hyperion，多維度

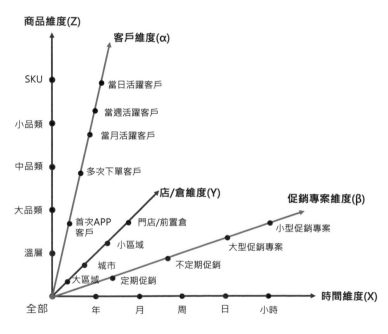

▲ 7-5：多維度銷售分析案例架構圖，本書作者整理繪製。

資料庫的核心引擎仍然跟 1998 年一樣是採用 Express Server。因此筆者想提醒對於大數據分析有興趣的專業人士，多維度資料庫仍然是資料挖掘的重要關鍵技術，也唯有採用多維度分析的架構與觀念，才能真正落實多個客戶畫像分類標籤，同時又支持多層級的標籤分析結構。

雖然上述的說明偏向資訊技術，但是行銷人若能掌握多維度分析的架構邏輯，將會使得 BIS 系統數據分析的洞察結果，呈現非常立體化的意義，對於大數據分析的洞察結果的深度原因，如果能夠有所解析，這將會是一種強而有力的制勝武器。善於把大數據分析應用在精準行銷上，能深度理解多維度分析的邏輯，將可以把行銷人自己武裝成為一個可以攻城掠地的精準導引武器系統！有興趣的讀者可以參考圖 7-5，雖然沒有達到客戶畫像分類標籤的詳細等級，仍然可以約略感受到多維度分析邏輯。

大數據的數位化技術架構與供應鏈的關係

在傳統電商浪潮的衝擊下，數位化供應鏈的專業高階主管面對著兩大全新的課題：一是線上訂單與相關客戶消費行為的海量數據如何快速處理？二是傳統電商的物流中心發生超大化的設計挑戰。

針對線上訂單與客戶消費行為紀錄的相關海量數據，幸好有「大數據理論」在 2011 年就正式提出了研究報告，做為這個主題的理論基礎，相關的研究蓬勃發展，其中包含由谷歌在 2008 年所提出的 Hadoop 巨量資料處理架構的全新資料庫標準，與平行處理的相關技術標準。

目前已經有不少大數據服務公司採用 Hadoop 架構建立巨量的資料庫，為特定行業的客戶提供服務，最早被服務的一個產業就是金融行業。因為利用大數據分析手法，可以通過對於貸款客戶海量資料的分

析，來進行信用貸款授信額度的精準判定，因此這個服務很早就被銀行業所接納。採用 Hadoop 架構的大數據分析技術，現在已經擴展到許多「新零售」行業的客戶畫像分析、客戶消費行為預測等領域的應用。例如：原來屬於中國復華集團旗下的「地球港」生鮮電商，就是全面採用 Hadoop 架構，建設銷售分析與客戶購買行為分析的系統，地球港在北京開設了幾個門市，定位接近於盒馬鮮生，甚至更加豪華高檔一點，可惜在 2018 年由於母公司財務問題，已經結束營業。

目前在中國大陸傳統電商與「新零售」行業擁有最大量的大數據資料庫的集團，應該是阿里巴巴集團。根據《21 世紀商業評論報導》2013 年 6 月報導，自 2009 年開始，阿里巴巴集團的資料技術架構發生重大變革，從原有的關聯式資料庫 Oracle，向開源平台 Hadoop 進行轉移。截至 2013 年，阿里巴巴集團資料平台事業部的伺服器上，已經累積了超過 100 PB 已「清洗」的數據。而阿里巴巴集團的資料庫架構，由 Oracle 向 Hadoop 轉移的目的，就是要實現阿里巴巴全集團不同的公司所有資料互相打通、集中管理和共用。

這是一個非常具策略性的數位化重大決策！透過使用谷歌的全新開源平台 Hadoop，阿里巴巴集團在巨量資料處理技術上的躍升，可以使得原來在關聯式資料庫上需要幾十個小時的搜尋，下降到幾十秒或幾秒的秒級處理能力，因此能在雙 11 這樣的海量訂單極端情況下，以極快的速度處理許多客戶畫像的分析，與客戶消費行為的分析，這是原來關聯式資料庫所無法達成的。其次，阿里巴巴集團透過整合旗下跨各個公司的客戶消費相關資料，形成一個巨大無比、高度有效的消費者行為分析資料庫，在阿里巴巴集團跨公司之間，又可以產生交叉推薦的加乘效果。

此一加乘效果，在 2018 年阿里巴巴集團收購居家用品大賣場知名

品牌居然之家的部分股權時，特別顯示出它的價值。根據公開報導指出，
總部位於北京的居然之家在 2017 年至 2018 年之間，僅僅以四個月左右
的時間進行商議，就在 2018 年初確定由阿里巴巴集團斥資 58 億元人民
幣收購其部分股權，並進行「新零售」經營的深度改造。經過短短半年
多時間的改造，居然之家把原有的訂單資料，跟阿里巴巴集團的大數據
資料庫打通，進行深度的資料整合與經營模式的改造。首先，居然之家
的所有商品進行了高度數位化的變革與升級，所有要在居然之家上架的
商品，除了要有基本的產品資料電子化之外，還需要由廠商根據指定規
格，交出 3D 繪圖檔案給居然之家，同時還需包含所有產品規格的不同
表面顏色與材質的電子檔案。此　要求使得居然之家在推出 3D 裝修試
衣間時，可以輕鬆整合所有客戶指定的家具、裝飾品規格，得以瞬間以
3D 立體全彩模擬繪圖的方式，呈現在大螢幕上，供客戶全家人品頭論足
並隨意更換顏色（如：窗簾的顏色、大門的木板材質與顏色）、規格（如：
沙發的面料是要真皮或布料）。更進　步地，對於家具挑選不熟悉的客
戶，還可以進行整個新家想要中式風格家具，或者西式設計家具的配套
推薦，然後再進行局部調整直到全家人滿意為止。3D 裝修試衣間的作
法，震撼了整個中國大陸的家庭裝潢與家具行業，因為從來沒有任何一
家公司可以在秒級的標準之下，做到對客戶在全屋家具與裝潢可以任意
更換顏色、規格的 3D 模擬繪圖服務。

　　阿里巴巴集團與居然之家的深度合作，展現出高度的客戶體驗管理
能力，也是基於深度的大數據能力、高度的商品數位化，才能達到此一
成果。這個案例也使得所有實際試用過的客戶為之驚艷，且任何非室內
設計專業的客戶都能透過 3D 裝修試衣間的方式，快速選擇自己滿意的
全屋家具與裝潢效果。更重要的是，3D 裝修試衣間可以把客戶最終選擇
的版本的詳細規格，直接產生一個訂單二維碼，經由阿里巴巴集團的手

機版淘寶 APP 對二維碼掃描就能結帳,保障了客戶在滿意之餘,能夠以最簡單的結帳付款方式快速成交。客戶還可以透過手機淘寶 APP 追蹤物流配送的進度,安排裝修技師到家進行安裝等工作。

　　不僅是客戶驚豔於居然之家的家具裝修選擇體驗,實際上透過高度數位化供應鏈所呈現出來的深度客戶體驗,明顯地增加了居然之家的成交比例與成交金額,有報導指出,2018 年的雙 11 促銷活動期間,居然之家的營業額高達 120 億元人民幣。相信所有從事行銷專業的主管們看到這裡,也自然會想到:如果能善用阿里集團已經打通跨公司的客戶訂單大數據分析結果,將會使得行銷部門在對於客戶精準觸達與引流到店參觀、推薦客戶適當產品(跨整個阿里集團相關「新零售」公司),引發高度精準且能持續擴大的行銷成果。因此,精準行銷在「新零售」既是一種策略,也是一種方法工具,用來在越來越接近 C2F 的客戶直接向工廠訂購模式變革過程中,快速吸引客戶(引流),並快速促成訂單成交(轉化),並且不斷地精準推薦商品與折扣優惠(精準觸達)。如果能再適當地藉助客戶體驗管理工具(例如:客戶旅程地圖法,詳見第八章)管理過程,可以高度保障提高客戶成交金額與客戶洽詢的次數(提高成交訂單數與訂單金額)。總結來說,精準行銷就是超越競爭者,達成「訂單贏家(Order Winner)」的精準導引武器!

精準行銷組織與人才的巨大挑戰

　　對於許多品牌企業來說，既要專心於打造品牌，又要投入「新零售」升級改造的精準行銷流程與系統的建立，往往不單只是靠投入資金或是挖角人才就能解決的。因為「新零售」的升級改造方案，特別是在建立大數據分析與精準行銷的相關流程與系統時，需要的是成功經驗的指引、關鍵技術的掌握，以及鉅額的技術與人才投資才能達成。

　　這個觀念也許很多大型品牌、零售通路的老闆不一定能立刻接受，但是我們可以看看許多知名的中國大陸超市連鎖體系（例如：家樂福中國區），營業額都在數百億元人民幣甚至更高，應該說足人才濟濟，也不缺足夠的利潤，來投入精準行銷所需要的 IT 系統與相關流程改造的成本，然而結果卻令人感到扼腕。由於在「新零售」升級轉型有關精準行銷上的策略不夠清晰，甚至是在行銷組織的線上通路部門與線下通路部門，在升級過程中也沒有經過深度的組織策略與行銷主流程改造等規劃，就以增加線上通路的方式來執行，最後經常因為缺少正確的精準行銷相關組織策略，導致在引進線上通路的經營模式過程中，雖然投入大量資金，但又因為線上業績持續不理想，最終宣告「新零售」的升級轉型以失敗收場。

　　在思考這個策略議題時，我們需要先回顧一下本書第三章所提出的概念：線下門店＋線上 APP 通路≠「新零售」經營模式，同理，線上通路＋線下新開門店≠「新零售」經營模式。不論零售企業現在經營的是線上通路還是線下門市，都不能使用單純通路增加來達到成功的「新零售」經營模式升級。其中一個很重要的原因，在於傳統零售企業或是品牌企業必須根據「新零售」的經營模式制定完整策略（如本書首創的「廣義新零售」3+1策略構面），同時必須做好組織改造與所有相關流程的

升級重訂。由於「組織與人才培育」牽涉到「廣義新零售」的三大構面，因此針對組織與人才培育與精準行銷有關的部分，加以分析如下。

精準行銷相關系統投資巨大

環顧「新零售」升級轉型失敗的案例，可以發現許多大型零售企業或品牌企業經常會主觀地認定，自身企業具有足夠的資金與人才，來投資「新零售」升級轉型在精準行銷的相關資訊系統的開發，結果往往導致投入鉅額資金後，不能達成公司原有預定的成效。其中一個原因是精準行銷所需要的資訊系統相當複雜。有關精準行銷的作法，最少需要四大類型的資訊系統：第一類是訂單交易系統，第二類是供應鏈管理系統，第三類是訂單履約管理系統，第四類是大數據分析與 CRM 系統。

有關資訊系統自行開發的成本是非常驚人的，目前筆者所見到的「新零售」成功自行開發精準行銷相關資訊系統，是企業內部自行開發，且能夠成功使 GMV 高速增長，MAU 也持續保持在行業前幾名的成功案例，這些企業的資訊部門人數最少都在數百人到一千多人的規模，甚至更高。這樣的人數規模相當於一家大型資訊公司，因此可以說是遠遠超過了一般品牌企業或零售通路企業所能想像需要投資的範圍，因為這麼多資訊部人員的薪水，就是一個天文數字的固定成本。隨著資訊系統的更加複雜成熟，需要的人力往往都是增加而非減少，更不要提這些資訊專業人員都是市場上最搶手的一批人才，所以薪水都偏高，這些因素也導致自行開發相關資訊系統的成本會成為天文數字。同時，一些關鍵技術本來在市場上瞭解的技術主管與技術人力就很少，例如：大數據分析師需要懂得高等算法（作業研究的等候理論、最佳化計算、高等統計學等）以及新的程式語言（例如：R 語言、Python），真正成熟的大數據

分析師，每月薪資最低都在新台幣 10 萬元以上。由於精準行銷的關鍵資訊技術（大數據分析、手機 APP 的 UX 設計與開發、可以精準投放社交媒體的 CRM 系統、多貨幣交易官網等），往往不是品牌企業現在的資訊部門主管熟悉的領域，因此在缺少對於關鍵技術掌握的情況下，貿然投入精準行銷相關系統的開發，經常帶來很大的風險。

全能型精準行銷主管人才養成不易

理想的全能型精準行銷主管人才，既要熟悉行銷策略，又要深入瞭解人數據分析工具與 CRM 系統的高層次運用，還要能把這兩個領域在多個通路的精準行銷工作上融為一體，得心應手地去帶領品牌贏得市場與客戶。這是多少現代化行銷專業主管與「新零售」企業老闆的理想！但是想要兼具上列這些跨領域的專業能力，以及鷹眼般準確眼光的行銷主管，應該說是世間罕有、少之又少。

「新零售」企業在培養人才時，如果能優先以行銷管理策略規劃能力，與深度行銷作戰眼光和實戰能力為考量點，再適當投入公司的資源，提供這些優秀的行銷主管良好的「新零售」精準行銷系統工具與顧問服務，相信是許多世界級品牌都能認同的精準行銷人才快速養成策略。因此，找尋優秀的行銷人才，再配以強大的「新零售」CRM、APP、大數據分析等系統，充分整合之後做為精準行銷的策略武器，應該是「新零售」企業在精準行銷這個策略構面的當務之急。唯有把行銷人才＋策略武器搭配好之後，加以實戰的訓練與印證，才能培養出「新零售」的精準行銷人才，用來做為「新零售」企業的將軍，帶領團隊針對目標市場攻城掠地，並產生決定性的戰果！

新零售升級轉型的通路組織設計

企業老闆如果只是單純關注零售企業在精準行銷人才的培育工作，還是不能完全滿足虛實融合的線上、線下一體化「新零售」經營模式的升級需求。在企業向「新零售」經營模式升級轉型的過程中，適當的組織改造與行銷流程的改造是必須且至關緊要的。許多老闆在推動傳統零售企業升級「新零售」的過程之中，往往忽略了「新零售」經營的基本定義，是全通路零售在多通路之間無縫連接的客戶體驗，也就是説線下通路要與線上通路必須完全整合。如果把線下組織（實體門店通路）與線上組織（APP與官網等線上銷售通路）分開管理，分別設立KPI與獎金制度，很容易造成原有的線下通路部門，認為「新零售」的線上通路部門會搶走線下門店的生意，導致想要升級「新零售」模式經營的企業，發生線下與線上通路不同部門之間的矛盾與拉扯，引起許多不必要的企業內部競爭與矛盾的問題，最後必然導致「新零售」升級的失敗。

筆者也瞭解到不少企業未竟全功的線上＋線下通路，在「新零售」升級改造過程就是由於這類因素，導致公司組織大量的內耗，而終告失敗。因此，建立「新零售」精準行銷的主流程與組織設計時，必須把組織改造與客戶服務流程改造放在優先檢視的計畫之中，建立服務線上線下一體化的組織，並且以數位化客戶服務流程做為檢驗標竿。也就是説，「新零售」的升級轉型過程中，行銷組織與人才培育的策略必須考慮打破原有的組織方式與行銷流程，才能建立適合全通路零售經營環境下，可以全軍一心、各部門通力合作的精準行銷升級組織策略。唯有建立線上＋線下一體化的組織設計、融合式的KPI考核，才能使得各個通路部門與品牌管理單位採用相同的考核標準，進而形成共同的業績目標，不分線上、線下業績都能進步的良好成果。

　　而這樣的成功案例，筆者所見到的結果，是經過成功的「新零售」升級轉型企業，在線上、線下的營收成長都非常豐碩！一旦線上、線下不同通路的主管都嚐到業績成長的甜美果實，又同時見到許多僅有實體通路的企業銷售不斷在下降，則「新零售」企業的升級改造就進入正向強化循環的坦途！業績增加強化了組織團隊共識，而更能瞭解如何做好客戶體驗的「新零售」團隊，則可以持續再為「新零售」企業的商品與服務創意產生新的貢獻，進而獲得更多的客戶肯定，如此不斷強化、不斷成長！（「廣義新零售」的 3+1 正向強化循環圖，請參閱第八章所提出的一體化策略模型）

知名品牌運用精準行銷的成功案例
91APP（http://www.91app.com）

在搜尋專業的「新零售」系統與顧問服務優秀案例的過程中，筆者發現了 91APP 的專業服務。91APP 已經透過全新的系統與流程的導入，為眾多品牌客戶服務的年成交金額（GMV: Gross Merchandise Volume）在 2019 年已經突破新台幣 130 億元（純實體通路的業績部分未納入計算），是台灣 GMV 排名第一的「新零售」系統與解決方案專業公司。零售品牌企業客戶在使用 91APP 的系統與專業服務打通全通路經營後，每年可匯集的訂單消費行為大數據超過 10 億筆以上。這些巨量數據透過 91APP 提供的 CRM 系統分析，使得品牌企業客戶更能有效掌握對於全場景的深度理解，並進行對個人客戶的促銷精準投放，為品牌企業客戶打造數據驅動力引領的精準行銷實戰成果。

91APP 成立於 2013 年，一直以來致力於虛實融合的品牌「新零售」解決方案。主要客層涵蓋許多大型品牌商家，包括：國際知名的 LVMH 集團旗下的嬌蘭 GUERLAIN、MAKE UP FOR EVER，VF 集團旗下的 Timberland、The North Face、KIPLING，RB 集團旗下的杜蕾斯 Durex、美強生，以及黛安芬 Triumph、華歌爾、LEVI'S、PHILIPS 等；以及台灣的大型零售通路商，全家便利商店、康是美、全聯，和台灣本地品牌，如：SO NICE 與小三美日等。

筆者親自採訪了有「台灣新零售教父」之稱的 91APP 創辦人何英圻董事長，他表示：「91APP 主要服務對象為零售品牌公司，以協助零售品牌企業整合技術、運用數據、掌握會員為宗旨，以便『新零售』企業加速實現數位轉型、開創新的全通路成長動能。」何英

圻董事長認為，數位轉型就是「企業組織的轉型」，不只新科技工具導入，更重要的是線上線下在營運與顧客服務流程上必須重組，組織也必須重組，如果尚處於舊體制、舊流程之下，新科技導入將會一再失敗。對此，91APP 的特色是可以從新科技面至協助品牌轉型面，提供漸進式的不同解決方案，讓品牌可快速啟動「新零售」模式，並可專注於企業本身數位轉型計畫。

藉由 91APP 相關解決方案進行數位轉型成功的門市總數，現在已經超過千家以上，透過導入 OMO 虛實融合的營運循環與相關 APP、CRM、大數據分析後台等系統，部分品牌總業績與去年同期相比 YoY（Year over Year）成長高達 20% 以上，不僅門市業績逆勢成長，帶動每家門市全年業績增長 1.1 個月，顧客在人均年消費頻次及貢獻度提高二倍；線上的業績也成長 30% 以上。更重要的是，新發展出來的 OMO 虛實融合全新業績區塊（包含線上 + 部分線下通路業績），有不少成功品牌已達整體總業績佔比 60% 以上，當 OMO 正向循環建立，品牌爆發的成長效益，速度與幅度都十分驚人。

91APP 的軟體產品主要體現在四個不同平台上：PC 端的自營「官網」渠道，提供品牌商完整的購物車、金／物流串接，以及會員管理等功能。提供稱為「門市小幫手」的平板電腦給店長與店員專用，做為招攬新會員、整合會員資訊，提供每個會員商品推薦、會員積分累積等門市促銷利器。而為品牌商提供的專屬手機 APP，則可以給客戶做為隨時購買商品與瞭解促銷資訊的終端武器。同時，91APP 也具備完整的 CRM 系統與大數據分析功能，提供品牌商的行銷部門做為相關決策使用。除了系統服務之外，91APP 還提供品牌商在「新零售」行銷與數位化升級轉型的相關專業顧問服務，使得客戶不僅引進了一套軟體系統，更是引進了一群專家來協助系

統的導入,與數位化升級的組織變革。

91APP 表示,零售品牌企業主已十分清楚虛實融合及全通路經營的重要性,然而要啟動數位化轉型,建立 OMO 虛實融合全通路的新工作循環,改革項目多,影響層面廣,往往讓許多品牌經營者頭痛不已。然而,91APP 提供品牌重要技術支援與 OMO 運作 Know-how,讓品牌可專注在企業組織、門市轉型與制度流程的改革推進,進而快速建立品牌企業在「新零售」全通路經營的實際成果。

91APP 的 GMV 快速累積破百億新台幣的成果,與品牌企業客戶業績在全通路的高度增長,揭示了「新零售」企業在升級轉型過程中,必須同時注重組織變革、客戶服務的全流程改造,以及建立對大數據深度應用的全通路精準行銷流程。對於 91APP 的品牌企業客戶而言,善用 91APP 的系統與專業顧問等相關服務做為策略武器,配合自身的組織變革,才是「新零售」企業真正贏的策略!

91APP 所說明的虛實融合 OMO 正向循環,是基於「新零售」經營模式的精髓,並且採用了「系統動力學 (System Dynamics)」的系統動力循環圖所倡導的「正向加強循環」概念,筆者對此也高度認同。請參閱第八章有關系統動力學 (P.269) 的相關說明,與「廣義新零售 3+1 策略構面正向循環圖」。

精準行銷策略的自我反思

1. 我們公司是否已經採用了部分或是全部的精準行銷四部曲,並且應用在個人客戶的直接開發與維護上面?

2. 目前公司在客戶訂單大數據分析做到哪些功能、分析報表?我認為還需要增加哪些功能、報表?

3. 這些大數據分析的結果,產生的速度與分析的品質是否能符合行銷部門的需求?

4. 目前公司是否已經使用 CRM 系統? CRM 系統是否能對個人客戶的社交帳號/簡訊(SMS)進行促銷資訊的精準投放?

5. 我認為公司應該開發手機 APP 嗎?還是利用其他社交媒體來進行引流即可?我們公司的下單機制是什麼?是官網購物車、手機 APP 訂單介面、其他程式或社交媒體、傳統電商平台?

第8章
新零售的客戶體驗管理

高度數位化
供應鏈管理

組織與
人才培育

精準行銷

客戶體驗管理

最精采難忘的客戶體驗

在開始說明客戶體驗與客戶體驗管理之前，筆者想請讀者做一次簡單的練習：回想一下，自己曾經經歷過最難忘的一次消費體驗，是怎樣的經過？最難忘的一點是什麼？為什麼到今天還是記憶猶新？

做為一個客戶，通常令我們能夠久久難忘的消費體驗，並不一定是一次購買金額很高的消費，很可能是一次貼心又喜出望外的親切服務和小小贈品，也許是在急難之際的一次簡單但是救命的購買，也可以是一次價格不高卻親切難忘的一頓簡單餐飲，或是一個從來沒有見到過的精采工藝品（價格可能很高、也可能很低），當然也很有可能是我們歷經艱辛攢下所得買下的汽車或自有的房子。

不論是哪一種最精采難忘的消費體驗，都能做為客戶體驗設計與評估的最佳典範。如果我們蒐集一百個不同朋友最精采難忘的消費案例加以分析，很可能會得到下列幾個共通的原因：

- 購買的商品很普通，難忘的部分來自貼心的服務。
- 購買的場景很特殊，急難之際非買到不可、為心愛的人百般挑選買一份禮物、身心輕快之時巧遇心愛的物件等。
- 購買的商品提供了幅度很大的折扣、抽獎等。
- 購買的商品金額巨大、所費不貲，終於在努力之後得償所願。
- 購買的商品很普通，但是消費的場景有意外的驚喜。

不論我們難忘的消費體驗屬於哪一種，這些消費體驗的過程都值得做為行銷專業、高階管理者等專業人士，在進行客戶體驗設計與客戶體驗管理時引為圭臬，來評估工作上所設計的客戶體驗流程是否合適，是否能打動人心，能令大多數客戶感受到品牌的魅力與吸引力！

通常對於行銷專業管理者來說，最難的不是販售世界頂級品牌，因為這些頂級品牌自有定位與身價，反而最難的是把普通產品賣得人人稱道。近年來紅遍各地的「海底撈」火鍋餐廳，就是客戶體驗設計與執行的高手，有太多的報導說明了海底撈的服務人員，給客戶安排諸多免費卻又貼心的小禮物與服務：客戶大排長龍時，服務人員遞上瓜子、零食、飲料，還可以免費擦鞋，即使連長筒馬靴也一樣免費服務，甚至還提供帶光亮成分的拭鏡布；客戶順口一說免費水果的西瓜好甜，馬上準備一大包西瓜給客人外帶；這些案例不勝枚舉。這樣的用餐驚喜，為海底撈帶來高度的客戶黏性與源源不斷的重複消費。許多公司部門聚餐，經常會有人提議去海底撈，因為連等座位的過程都是一個快樂又貼心的客戶體驗。

在海底撈敢於開創這種過去以來，連客戶都認為不可能會發生的熱忱與貼心服務之前，也有非常多餐飲行業的先進不斷地努力開發讓客戶更滿意的用餐環境、菜單與用餐過程。為何很少有餐飲公司能達成類似於海底撈這種貼心又意外的服務呢？筆者相信老闆在客戶體驗的創意與決心是非常關鍵的！

分析海底撈在提供這些持續貼心服務的成本，會發現這些服務主要來自服務人員的時間成本，與一些水果零食的直接成本。也就是說，海底撈顯然雇用了比一般餐廳更多人數的服務人員，才能達成上列的貼心服務。因此，不論海底撈的老闆是否用上客戶體驗設計的方法，我們可以說：海底撈的客戶體驗是設計出來的，除了貼心服務的創意，如果海底撈沒有雇用比一般餐飲業更多人數的服務人員，並且給予良好的訓練，也沒有授權服務人員主動為客戶提供免費零食、水果、服務等，則沒有服務人員敢於提供這些服務，即使想做也沒有這麼多人力！事實上，海底撈為了鼓勵員工做好客戶服務，還有諸多人力資源管理的獎勵措施、

晉升機制等配套措施，才能從心底驅動員工敢於做好服務。

　　賣火鍋的餐廳很多，能快速佔領客戶心智地圖、快速成為眾多客戶主動第一提及品牌的火鍋店，應該只有海底撈。由海底撈的快速成長案例，我們可以很明顯地瞭解：不論哪一種產品的客戶體驗都是可以用心去設計出來的，而難忘的客戶體驗在於行銷人的創意，與貼心服務客戶能力的結合。好的客戶體驗流程不但需要設計，還需要執行力與管理方法。如何把這三大客戶體驗重點——客戶體驗設計、客戶體驗管理、客戶體驗的成本效益，在面對個人客戶時都能做好，正是今天有志於「新零售」經營模式企業的終極挑戰！

客戶體驗的定義與重要性

在說明了高度數位化供應鏈管理與精準行銷兩大策略構面,以及這兩大策略構面在組織與人才培育上的個別關聯之後,就進入到「廣義新零售」的第三大策略構面:客戶體驗管理。

如果我們追溯客戶體驗管理的發源,會發現在 2000 年以前、網際網路還沒有開始流行的時代,已經有些行銷專業的先進管理者在美國推動這個理念。但是在「新零售」盛行的今天,由於需要把各種通路進行虛實融合、無縫連接的線上線下一體化整合,客戶體驗管理更一躍成為「新零售」關鍵策略舞台上的主角。

著名的顧能公司對於客戶體驗管理的定義是:**對於設計與回應客戶與企業之間的互動經驗,以便能超越客戶的預期,最後能使得客戶更加滿意、更具品牌忠誠度、更加願意主動推薦 (Advocate) 這個品牌給他人。**而美國的客戶體驗專業協會 CXPA(Customer Experience Professional Association) 則認為:**客戶體驗是一個客戶對於某個特定的品牌所有的認知、情感、記憶,以及對於這個品牌的所有接觸過程的總體集合。**

檢視顧能公司的客戶體驗管理的定義,可以發現顧能公司定義的重點,在於「超越客戶預期」進而使得客戶願意「主動推薦」,這個定義在社交媒體盛行之後顯得特別有意義。在此之前,許多學者對於「客戶滿意」的定義雖然與顧能公司類似(超越客戶的預期),但是在沒有社交媒體的時代,單一客戶的主動推薦只能侷限在親朋好友的範圍之內,自從有了社交媒體之後,客戶的主動點讚、推薦與親身體驗分享,成為許多消費者購買決策的主要參考資訊來源。但是隨著社交媒體的推廣,透明化的資訊也促使客戶對於購買商品與服務的期望值不斷地被推高。今天如果單純只是依靠社交媒體的分享、點讚推薦商品,似乎也不能全

然確定一個產品的暢銷與否。所以，筆者認為美國客戶體驗專業協會對於客戶體驗（經常縮寫為 CX: Customer eXperience）的定義，更加值得深究。因為在最新的客戶體驗管理觀念中，更加強調客戶個人的總體主觀感受，也就是客戶體驗 CX 更需要注重個人客戶情感面的主觀感覺。為了追求這一個不容易衡量的個人客戶主觀情感的總體感受，新一代的方法論也被開發出來，以便能清楚地去分析在「新零售」企業服務個人客戶的全過程之中，到底有哪些需要注意的接觸點、提供了哪些感受給客戶？在什麼樣的場景下才能盡量確保這些品牌公司想要提供給客戶的感受被清楚地傳達給客戶？這些問題的紀錄與分析很難量化，也因此「客戶旅程地圖 (Customer Journey Map)」被提出來做為主要的分析工具，稍後在本章會再詳加介紹。

客戶體驗的總體模型

客戶體驗在近年被歐美的全通路零售企業大量重視之後，已經發展出完整的多層次相關技術與人才培訓課程。就客戶體驗的總體架構來說，可以分為三個層次：

客戶體驗 Customer eXperience (CX)：
● **策略層 (Strategic Level)**
客戶體驗 CX 總體範圍包含：客戶體驗設計 (Customer Experience Design) 與客戶體驗管理 (Customer Experience Management) 兩大領域。其中，客戶體驗設計包含行銷組合 (4P) 所有的設計（產品設計、通路設計、價格設計與促銷設計），以及為了讓客戶能更好的感受到品牌企業的創意與用心所投入的所有媒體計畫、溝通的模式與廣告的技巧 (Marketing & Communication)、最後所有平面、電子、實體產品與廣告物的設計，以及最終形成的客戶體驗專

案計畫等。客戶體驗管理則包含對於客戶體驗專案計畫的實施與進度管理，以及對於所有客戶體驗各個品牌與客戶的接觸點各種資料數據的收集，與持續的大數據分析、對於客戶體驗專案計畫實施總體成果的評估與可持續改善 (Continuous Improvement)。

● **戰術層 (Tactical Level)**

1. 使用者體驗管理 (User Experience Management)：

在這個層級的重點，是詳細的計畫與分析何種流程、設計形式、APP 或其他軟體設計可以更有效地打動消費者。由於使用者體驗 UX 的相關技術在近年來受到高度重視，已經有許多一流的多種領域人才投入到這個新興的領域，不斷地加以研究改進之中。其中跨領域的整合尤其重要，許多年輕、能接受數位化相關專業知識額外訓練的設計人才，已經成為此一領域的新貴。他們既擅長於藝術與美術設計、各種媒體運用，又懂得在各種新工具、新媒體上展現這些美好的設計。因此，這個領域值得許多具有設計長才，又願意學習數位化設計工具專業的人才加以重視。當然，這個領域同時還需要許多懂得大數據分析、消費者行為分析、客戶畫像分析的人才來共同合作，才能產出有效的結果。使用者體驗管理的人才在實際工作中，有可能被安排在不同層次的客戶體驗專案中工作，也許是參加策略層的客戶體驗設計提供意見，也許是直接管理使用者體驗管理，當然也有可能受到指派直接加入使用者介面管理的團隊，成為確保使用者介面 UI 程式設計師，與使用者體驗 UX 之間的橋樑。

2. 廣告與促銷管理：

全通路的廣告與促銷，需要在戰術層就有一致的計畫，才能形成所有通路的無縫連接，保證客戶在不同通路的購買價格、優惠、體驗、品牌形象，都能獲得一致的管理與體現。

3. 接觸點大數據蒐集、分析與反饋：

接觸點的大數據蒐集，與精準行銷對於客戶訂單行為的大數據分析，是相通但是目標不同的。接觸點的大數據蒐集與分析，主要是為了瞭解客戶體驗的細節、形成客戶某些特定行為的原因追溯（例如：客戶為何刪除 APP？客戶為何連續下單？目前提供的哪些客戶體驗被客戶認同？原因是什麼？）

● **營運層 (Operational Level)**

1. 使用者介面管理 (User Interface Management: UIM)：

使用者介面管理 UI，多半僅指位於客戶接觸點的所有軟體系統的使用者介面設計，但是也可以被擴充為包含所有與客戶接觸點實體（銷售門市裝潢與動線設計、產品包裝與使用說明設計、促銷物設計等），與虛擬的使用者介面（例如：官網設計、平板電腦介面設計、手機 APP 介面設計）。雖然從事 UI 的人才可能以具備軟體寫作能力的人才為主，也同樣需要具有美術設計、大數據分析、與客戶在軟體介面使用分析等不同專長的人才加入，才能形成完整的工作小組。

2. 線上通路管理：

由於「新零售」的線上通路營運具有即時性，因此需要有相關的管理單位進行即時的管理與監督。特別是在價格的設定上，需要密切監督每一次新產品在線上通路的上架，以避免價格錯誤、促銷方案不合理等問題的發生。同時，更需要有客戶服務部門不斷收集客戶的投訴、反饋意見等，以確保線上通路的客戶體驗能充分被反饋給總部相關的所有單位，並即時做出改善。

3. 線下通路管理：

「新零售」的線下通路管理，對於傳統零售企業應該不陌生，但是

需要注意在線上、線下一體化的運作機制之下,線下與線上的生意應該設置交叉引流機制,利用線上通路為線下通路引流,也利用線下通路為線上引流。因為客戶對於兩大類通路的使用都是有可能性的,且近期的報告也都指出:線上＋線下通路一起操作得當時,會對於「新零售」企業的總體業績,與線上、線下通路的個別業績都帶來成長!

筆者建議,線上、線下所有通路需要設置高階的共同主管,避免兩大類型通路的促銷政策、客戶體驗機制發生任何互相矛盾的情形。

4. 服務人員與履約能力:

不論是客戶服務部門的線上服務人員(包含接聽電話與社交媒體的答詢),或是線下門市的服務人員都需要根據「新零售」制定的客戶體驗流程,進行完整的相關訓練,在只有線上通路或是只有線下通路時期的作業標準必須重新制定,對所有提供服務的人員重新訓練,制定全新的績效指標 KPI,確保客戶體驗流程能準確地被所有服務單位的同仁確實遵照執行,做好客戶旅程的每一個接觸點的服務。

履約能力與成果是需要每時每刻進行管理與監督的關鍵活動,因為履約不及時、履約品質不佳都是客戶體驗的可怕殺手!最高階主管必須親自關注履約能力的執行結果,並且明確制定追求超完美訂單比例的維持與提升。同時,對於任何蒐集資料有做假而誤導績效指標的情形,應該給予嚴厲的處罰,才能維持客戶體驗的循環正確執行、準確地被監督。

客戶體驗 CX 部門可以視為是一個「超級行銷部門」,也可以說客戶體驗 CX 是行銷部門＋產品研發創意部＋客戶接觸點創意研發部的總和,相信客戶體驗 CX 這個領域在未來仍然有很大的發展前景,也必然會成為日後「新零售」企業最後決勝的領域!實際上,客戶體驗部門也需要加入具備高度數位化供應鏈專業知識的人才,因為所有客戶接觸

點的執行成果,一小部分來自於客戶體驗設計(例如:門市設計、手機 APP 介面設計),另外一大部分則來自於供應鏈的訂單履約前置時間、訂單履約品質等,經過供應鏈與物流聯合執行的結果。如果客戶下單之前很滿意所有接觸點的體驗,下單後卻不滿意訂單履約的執行成果,或是對於客戶服務部門的解決問題方式不滿意,最終「新零售」企業仍將會得到不滿意的客戶。因此,「新零售」策略規劃的 3+1 四大構面是環環相扣,缺一不可的完整循環!

客戶體驗的五部曲

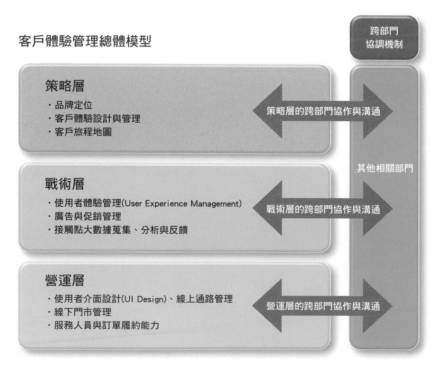

▲ 8-1:客戶體驗管理的總體模型。本書作者原創整理。

　　行銷大師菲利浦・科特勒的《行銷4.0》一書之中，對於客戶體驗的路徑與順序，在超越傳統的4A模型（認知Aware、態度Attitude、行動Act、再次行動Act Again）上，提出「新零售」時代的五大步驟5A，為客戶旅程制定了五部曲：認知Aware、訴求Appeal、詢問Ask、行動Action、倡導Advocate。

　　在傳統「通路為王」的時代，許多知名的國際快速消費品牌在行銷活動上，最重視的就是4A架構裡的第四個步驟：再次行動（Act Again，也就是重複購買）。因為傳統零售通路的快速消費品，最重要的是能具備大量銷售的基礎，才能根據批量生產的模式獲利，因此，在品牌被消費者接受，進行首次購買以後，能夠產生重複購買的行為，才是真正成功的行銷。

　　進入「新零售」時代之後，出於社交平台的發達，產品體驗的資訊可以透過社交媒體快速分享，在知名網紅勝地消費、打卡、點讚、分享，已經成為時下最流行的生活型態。在認知一個新品牌的過程之中，消費者會經過多種管道諮詢曾經消費過的客戶的意見，對於產品的價格、品質、性價比，甚至是消費體驗，做出各種瞭解以後，才會產生購買決策。因此，在首次購買前的步驟增加了訴求、詢問兩大步驟，而一旦購買的體驗非常滿意，消費者又會主動擔任宣傳的角色，把好的消費體驗推薦給親友，透過點讚、轉發、分享等方式，形成快速的正面品牌形象傳播，再經由社交媒體一傳十、十傳百的社交網路分享結果，形成所謂的「快速裂變」，使得產品的消費體驗一旦經營成功，正面的品牌形象能有機會快速在社交網路中傳播（如：DW手錶）。這種方式可以給予品牌公司在廣告資訊大量傳播的過程中，運用難以想像的低成本、快速裂變的方式，把產品形象深植人心。因此，良好的客戶體驗已經成為行銷專業人員，在品牌推廣時最高的理想與目標。

認知(Aware)	態度(Attitude)	行動(Act)	再次行動 (Act Again)
認識產品的資訊來源以電子媒體、平面媒體、逛街為主。	購買商品的態度形成，受到廣告與促銷的比例較大。如果要多方比較商品資訊，相對比較不容易。	嘗試購買時，需要到賣場購物，或是打開電腦上網購買。	再次行動時會推薦給朋友同事。

認知(Aware)	訴求(Appeal)	詢問(Ask)	行動(Action)	倡導(Advocate)
認識產品的資訊來源改以社交媒體為主，其他電子媒體、平面媒體、逛街為輔。對於越年輕的客戶群，此一情形越明顯。	購買商品的想法逐漸形成，同時由許多的線上資訊來源，獲得大量的商品相關資訊。	購買的動機開始形成，在購買之前經常會大量的在線上比較價格、品質、口碑等客戶關心的議題。可以提供商品資訊的管道眾多。	首次嘗試購物時，可以在手機上就購買。促銷期間產生很多「剁手族」的衝動型購物。	不但推薦給自己朋友同事購買，還PO網告訴所有能接觸到自己社交媒體帳號的人。萬一不滿意也是PO網告知天下。

- 商品資訊爆炸式增長，普通的資訊難以吸引客戶點閱。需要有令人驚嘆的(WOW)的商品資訊才能吸引客戶的關注。

- 同質性較高的日常百貨商品，價格完全透明。

- 社交媒體、特定社群的影響力在年輕族群較大。
- 更加快速方便的線上購物方式，能帶來更高的成交比例。
- 促銷資訊的精準投放能帶來立即而明顯的效果。

- 客戶體驗結果滿意或是不滿意，被客戶主動宣傳的傳遞次數幾乎是一樣的。
- 不滿意的評價可能對後續其他客戶的購買意願影響更大。

▲ 8-2：行銷 4A 模型與行銷 5A 模型。4A、5A 模型引用自《行銷 4.0》菲利浦．科特勒著，天下出版社 2017 年發行。4A 與 5A 模型比較由本書作者整理。

傳統電商的 5A 與新零售的 5A 有何區別？

傳統電商是以「搓合」買賣雙方的交易為主要模式，賣家無法直接接觸買家。在促銷活動上面，傳統電商是以線上通路商的角色，進行通路促銷活動的計畫與安排，因此賣方在傳統電商的線上通路進行銷售時，多少都會需要配合傳統電商通路的促銷活動。因此，在 5A 客戶體驗的分析架構之中，賣方不會直接接觸 C 端的客戶，而是透過商店的型態把商品陳列在傳統電商的商城之中，雖然買賣雙方也可以有對話，但是銷售與促銷活動並不是直接互聯互動的。「新零售」企業作法則大不相同，「新零售」企業可以透過臉書銷售廣告、LINE@ 主頁、手機簡訊 (SMS)、手機 APP、微信小程序、官方網頁等不同的社交媒體，與客戶進行直接的互聯互通，也可以針對實際情況給予個別客戶特定的優惠，以促進交易盡快完成。

就客戶旅程地圖設計的角度來說，從事客戶體驗 CX 的管理者不妨把傳統電商通路視為全通路零售之中的一個線上通路，與其他線上通路（例如：手機 APP、官網銷售等）聯合運作。同時，「新零售」企業在設計多個線上通路的無縫連接時，應該特別注意盡量設法運用各種獎勵手段，使得客戶在傳統電商平台的購買行為，可以連接到官網或是會員的社交帳號，以便進行完整的訂單行為大數據收集與評估，並且把後續的客戶服務品質也能提升。以便使得客戶旅程地圖的設計形成完整的循環。

客戶旅程的設計

客戶旅程地圖的設計方法

在設計客戶體驗的過程中,有一個可以有效分析與盤點客戶體驗每個細節與流程的方法論,稱為客戶旅程地圖,這是一個可以同時檢視客戶服務流程,與每個客戶接觸點對應的客戶感受、客戶關鍵時刻的方法。藉由這個方法,可以蒐集客戶在不同步驟的意見反應,進一步設計出新一代的客戶服務流程,也可以透過客戶旅程地圖的設計,奠定使用者體驗與使用者介面的相關系統與程式,如何逐一對應每個客戶體驗的步驟。不論「新零售」企業是否已經建立了高度數位化的系統,都值得採用這個方式,進行現有客戶服務流程的盤點,與全面檢視現有客戶流程的服務水準與優、缺點。同時,如果能適當地使用客戶旅程地圖法進行跨部門的討論,對於相關部門的意見加以合理地整理與整合,將會是客戶體驗策略充分討論、「新零售」企業核心價值,與多通路客戶體驗整合一致的最佳工具!

許多企業在開發手機 APP 之後,就認為已經進入「新零售」的經營模式了,結果可能發生:手機 APP 的推廣困難、已經加入 APP 的客戶下單率低、手機 APP 月活躍客戶數增加速度幾乎與流失速度差不多等問題,最終可能導致某些手機 APP 成為幾乎很少客戶使用的「殭屍APP」;這種情況就是由於缺少有效的客戶體驗策略制定所造成的最壞結果。只是單純引用某些新技術,就好比一個「新零售」企業買下了電影「終極戰士」的先進個人武器套裝做為先進武器要攻打市場,雖然終極戰士套裝具有強大的防護力、火力,與精確的瞄準能力,但是缺少客

	認知 (Aware)	訴求 (Appeal)	詢問 (Ask)	行動 (Action)	倡導 (Advocate)
消費者行為	品牌資訊接觸	品牌資訊瞭解與內化	品牌資訊比較與選擇	對認定品牌採購、試用	對滿意的品牌強力推薦
線上通路 -1	社交軟體分享	給予消費者在全通路的品牌形象與接觸經驗需要保持高度一致	給予消費者在全通路接觸的價格更加需要一致	客戶體驗在跨通路環境下與對品牌、產品認知檢驗	對於滿意的客戶體驗透過點讚、分享等方式推薦給親友，甚至主動發文推薦
線上通路 -2	粉絲團				
線上通路 -3	手機 APP				
線下通路	門店內海報、POP、貨架陳列、試用推廣活動				
「新零售」企業常用的行銷活動	地面推廣活動、引流、首次 APP 用戶優惠活動			客服部投訴紀錄分析、客戶體驗調查、點讚與滿意度追蹤	推薦後雙向優惠活動、團購快速裂變、累積粉絲與點讚流量
接觸點	各種通路資訊	官網、粉絲團討論區、APP客服紀錄、購買評價	其他通路相同商品比價、類似商品討論群	官網購物車、APP 訂單畫面、各線上通路購物畫面、線下賣場	粉絲團討論群、官網討論區、客戶評價、APP 客服紀錄

▲ 8-3：應用 5A 架構的客戶旅程地圖與全通路零售對照表。本書作者原創整理。

戶體驗管理這個關鍵心訣，導致各通路與宣傳一致的客戶體驗，因缺乏管理而無法真正傳達給消費者（選用武器不正確、火力不即時或是不足夠）；或是雖然找到正確的客戶畫像群，卻沒能把想要傳達的客戶體驗內容正確地傳達給客戶（瞄準正確，但是火力只達到客戶的表面，而沒有進入客戶的心智）。結果由於缺乏客戶體驗管理的關鍵心訣，導致雖然擁有強大的精準攻擊武裝力量（終極戰士套裝），也無法高效地對「新零售」市場攻城掠地，贏得大量的客戶青睞。因為客戶是人，人都是感性的，因此人的許多購買決策也都是感性的，因此在客戶旅程地圖法的分析中，有一類方式就強調要分析每個接觸點上，品牌公司預計的客戶的「心情」，或「感受」是開心、著急、還是不滿、憤怒等情緒，以便能充分觀察與記錄客戶的情緒與後續購買決策的關聯性等。

客戶旅程地圖的繪製方式，有許多不同的看法，因為在分析時可能有不同的觀察重點，受限於篇幅，無法一一舉例所有的客戶旅程地圖的圖形設計，筆者嘗試用 5A 架構來對客戶旅程地圖與全通路零售的行銷活動，進行一個綜合的分析與對照，如表 8-3。

在表 8-3 之中，雖然是以 5A 架構來做為橫軸（Ｘ軸）的不同步驟，但是也同時代表了某一種客戶旅程之中的時間順序。在客戶旅程地圖法之中，不論關照的主要角度是哪一種（客戶接觸點體驗、客戶與不同通路的互動體驗等），經常會把時間軸放在 Ｘ 軸方向來做分析。而在 Ｙ 軸方向（垂直部分），表 8-3 同時列出了不同通路的促銷活動與接觸點等不同的分析維度，在實際應用時，可以根據每個客戶旅程地圖專案的實際需求，來制定不同的主要關注角度，進而得到 Ｙ 軸方向的不同分析維度列入客戶旅程地圖之中。因此，基於不同的關照角度、不同的專案分析需求、不同的跨部門人群參加客戶旅程地圖的工作坊討論，將會得到相當不同的結果。但是客戶旅程地圖法的分析與討論重點，應該是集合跨部門的意見並設法取得全公司的共識，以便能針對客戶體驗管理的後續工作進行討論，並激發新的觀點與有效的意見。

實際建立客戶旅程地圖的主要步驟區分為下列幾項：

● 組建一個客戶旅程地圖的工作小組，需要包含相關部門的代表，以行銷部門（或是負責客戶服務流程設計的部門，如：客戶體驗部門）來做為召集單位。需要參與的單位最少應該包含：銷售部門、行銷部門、使用者體驗與使用者介面的設計部門（可能是一個部門或是兩個以上的部門），以及實際提供服務的營運部門（例如：客戶履約部門、供應鏈管理部門等，可能超過一個以上的營運部門，只要提供了服務範圍內的部門，原則上都應該參與）。

● 安排樣本客戶對現有的流程進行體驗與反饋體驗的感受，並蒐集相關數據，做為對於客戶旅程地圖工作坊的輸入資料之一。客戶的採樣不能只有幾個人，且應該注意盡量安排多種不同客戶畫像的樣本客戶，以便能充分比較不同客戶的體驗。最好還能提供客戶畫像、客戶體驗，或是客戶評價的各種相關數據分析報告，做為討論的基礎。

● 安排好客戶旅程地圖工作坊討論的時間表，正式的工作坊進行時間最少應安排二至三天，並且需要安排好討論的專屬會議空間，與相關的大張白報紙、麥克筆、自黏便條紙等文具。同時，需要指定一位與本次客戶旅程地圖討論沒有直接利害關係的主持人，這位主持人需要真正參與過多次工作坊討論會議形式，並且具備高階管理者的經驗，以使能站在客觀的立場，引導整個工作坊順利推動，且使得每個參與的部門不會感受到主持人有任何既定的立場，能以嫻熟的主持技巧與客觀的引導能力，協助整個客戶旅程地圖工作坊順利進行討論，並且達成共識。

● 發出客戶旅程地圖工作坊的討論會議通知，並列出需要各部門準備的相關材料。例如：客戶旅程地圖工作坊的會議詳細議程與會議目標、客戶體驗相關流程、各流程的樣本客戶體驗調查結果、競爭者的客戶體驗評估報告、本公司的客戶體驗系統的大數據分析結果，與相關程式或模組（提供整套實際可用的系統環境與可用於測試的樣本客戶帳號）等。

● 實際推動客戶旅程地圖工作坊。

● 安排專人記錄整個討論過程與結論。

● 會後發出討論的結論與預計推動的決議事項，並安排好相關工作進度與持續追蹤。

客戶體驗的組織與人才培育

客戶體驗設計與管理的工作包羅萬象，從產品設計、客戶服務流程設計，到所有軟、硬體美學呈現的設計，以及供應鏈的履約能力設計等。因此，筆者更強調客戶體驗要與高度數位化供應鏈管理能力充分結合，以確保在客戶旅程地圖專案推動過程之中，所有接觸點的軟、硬體呈現，實體產品與無形服務的提供都要超越客戶預期標準，所有訂單履約流程都要爭取客戶點讚的超完美訂單。

那麼如何培養這些懂得設計與管理大量超完美訂單和驚喜客戶體驗的人才？這些人才又需要什麼樣的客戶體驗組織設計，才能讓他們在「新零售」企業之中，與相關部門高度協同、不失創意，且能為公司的收入增加與利潤提升做出有效的貢獻？

根據顧能公司一份公開報告「2019 年的客戶體驗管理調查報告」（引用自官網 www.gartner.com）顯示，2019 年與 2017 年相比，客戶體驗管理的最高主管（不論其職稱為何，例如：首席客戶體驗管理官 CxO、首席客戶官 CCO）直接向 CEO 或是 COO 報告的比例，已經大幅從 2017 年的 60% 左右升高到 90% 左右。可見客戶體驗管理 CEM 的重要性，在歐美企業從過去短短兩年之間已經大幅度地受到肯定，這個趨勢也充分說明了多數已經開始引用客戶體驗管理做為重要策略構面的企業，對於客戶體驗 CX 的重要性都已經給予高度肯定，所以才會把組織設計成首席客戶體驗管理官、首席客戶官等關鍵性的位置，更大比例地改變為向營運長或是執行長兩個最高營運主管，來進行直接匯報。

在此一份報告中，我們也可以看到，對於客戶體驗管理有部分參與以及管理權的單位相當多，包含了行銷、銷售、資訊、客戶服務部門等。

可見客戶體驗管理的工作確實具有大量需要協調各相關部門的特色，這一點在客戶旅程地圖的專案推動中就能很明顯地看出來。因此，目前可以說客戶體驗管理在 4.0 世代企業的策略重要性已經明顯底定，而如何使得客戶體驗管理這個策略構面與關鍵機能充分發揮其更高的總體整合效益，引領企業走向真正的「客戶體驗為王」，還有待「新零售」企業的領導者進行更多的探索！

目前亞洲企業對於客戶體驗 CX 這個領域的重視還是比較少數，台灣著名的 HTC 手機公司是較早時期就聘任世界級外籍經理人擔任首席客戶體驗官 (CCXO) 這個重量級任務的公司。筆者建議對於「新零售」升級轉型有興趣的企業，可以先在公司內部推動客戶體驗管理的專案，並且以營運長或執行長做為專案主管，然後在推動過程中，根據公司實際執行的經驗，再對於首席客戶體驗官、首席客戶官等職位設置與組織架構的位階安排，進行最後的高階討論與決策。

在客戶體驗的人才培育過程之中，筆者建議安排具有行銷專長、成功推動產品上市經驗的人才，進行跨部門的輪調與訓練，特別是需要使得未來的客戶體驗高階主管具備供應鏈管理相關的工作經驗，才能訓練出懂得與多個部門協調溝通，既有創意又不至於過度承諾客戶的優秀客戶體驗高階人才。

例如：某個知名的快速消費品牌在中國大陸曾經有一個規定，任何大區域的銷售總監升任之前，必須先擔任一年的物流經理。實施的結果非常良好，因為行銷業務出身的主管都是敢拚敢衝的，但是位居高階之後不能只懂得向前衝，而是要能夠與所有部門的高階主管進行高度的互動與良好的協同。協同在客戶體驗設計與管理特別重要的基本原因，就是個人客戶只認品牌，任何一張不滿意的訂單在現在社交媒體風行的時

代，都有可能十倍、百倍的被通報給其他客戶，而「新零售」企業的客戶旅程地圖只能是跨部門協作的成果，沒有任何一個部門可以單獨完成整個「新零售」企業的客戶旅程地圖。同時，由中階主管晉升到高階主管的過程，具備跨部門的歷練才能真正理解其他合作部門的難處，最終在所有的協作會議時討論，使得高階主管具備能真正團隊合作的意識與為大局成功付出的胸襟。

客戶旅程地圖工作坊 (Customer Journey Map Workshop)

在進行客戶旅程地圖設計的過程之中，經常會使用到工作坊的形式，目的是為了集合多個部門的意見，並經過互動、資料分析、討論後形成有效的意見與共識。

工作坊是一種集合多個相關部門的討論會議，這種形式的會議特色，在於所有單位以共同參與、充分討論、激發交叉討論的火花與創意、超越個人思路與能力，達成公司指定目標為主旨。工作坊會議的主持人，最好不要是參與工作坊相關單位內的任何一位同事，以便能客觀的引導工作坊會議的順利討論與進行。工作坊會議的主持人需要具備相關的專業訓練，最低程度必須要有豐富的工作坊會議討論經驗，且經過多數人評選具備一定的親和力與凝聚力，才能適當扮演好一個工作坊討論會的主持人 (Moderator) 與引導者 (Facilitator)。如果實在找不到合適人選，則建議由召集單位派出具有上述特質，與具備多次工作坊討論經驗的資深主管來擔任，這個方式的缺點，就是可能會有部分參與工作坊討論的成員，感覺主持人會有預設立場，而影響了所有單位充分討論、發揮創意的空間。除了自身單位的資深主管之外，也可以考慮外聘具有相關經驗的顧問來主持幾次工作坊，做為互動式的組織學習過程。事實上，工作坊的討論形式，就是一種高度互動的「學習型組織」。在工作坊的討論過程，最難達成的就是形成有效的意見集合與達成跨部門的共識。凡是沒有達成有效意見與共識的工作坊會議討論，等於是沒有輸出成果的一次工作坊。

新零售的引爆點：
全通路、無縫隙的客戶體驗

傳統零售與傳統電商的客戶體驗是比較單一的，要不就是集中在線下門店，如果客戶不來門店消費就不能產生消費的體驗，要不就是集中在線上電商商城，客戶必須要熟悉上網的網購方式，才能進行消費，導致出現一個主要的缺點，就是許多年長者不懂得如何使用。

經過新技術（Ａ人工智慧、Ｂ大數據、Ｃ雲端計算、Ｄ智慧型物聯網感知設備）、移動購物與社交媒體的加持之後，線上線下一體化的多通路消費經驗，可以完全無縫連接在一起，使得消費模式具備更多選擇，客戶幾乎可以在任何有網路連線的地方隨時隨地下單，各種各樣的「新零售」企業都在思考，如何服務好位在天涯海角、身處清晨半夜的各種消費者，以及如何能提供各種消費服務到客戶的身邊。

「廣義新零售」
三大策略構面的正向加強循環

在第六至八章已經闡述了「廣義新零售」3+1策略構面的內涵、架構與細分的相關策略作法，同時筆者也把與三大策略構面（高度數位化供應鏈管理、精準行銷、客戶體驗管理）相關的組織與人才培育這個核心的策略構面，分別在三個篇章中加以說明。畢竟人才是「新零售」企業組織升級改造的礎石，沒有相關人才與適合的組織架構，想要企業透過「新零售」策略規劃進行升級改造，根本就是空談！一旦企業主釐清了策略的思路，下定決心要從事向「新零售」企業的方向進行升級改造時，最大的問題就是：運用「廣義新零售」的3+1四大策略構面對企業進行改造完成之後，企業會獲得怎樣的效益？這些效益在何種架構之下能持久、甚至不斷地強化而產生更多的收入與利潤？在此筆者提出一個結合三大策略構面的創新正向加強循環，來說明成功的「新零售」策略

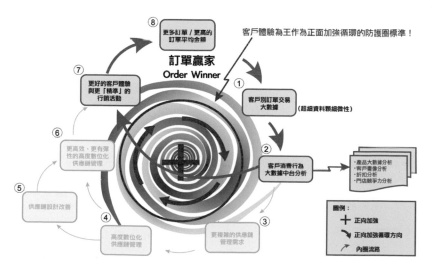

▲ 8-4：「廣義新零售」三大策略構面正向加強循環。本書作者原創整理。

怎樣在企業與客戶之中產生良好的互動，並形成正向加強循環。（正向加強循環屬於系統動力學 (System Dynamic) 的一種分析手法，有興趣的讀者請參閱《第五項修練》彼得 · 聖吉著，天下出版社。）

在圖 8-4，以終極目標訂單成交的大數據為起點（步驟 1）來說明整個「新零售」訂單贏家策略的正向加強循環。步驟 2 是對於大量的訂單進行大數據分析並獲得有效的洞察，根據這些洞察，「新零售」企業將可以做出對於精準行銷的相關決策，同時帶來更好的客戶體驗（步驟 7），更好的客戶體驗則會帶來更多的訂單或是更高的平均訂單交易金額（步驟 8），這時更多的訂單成交數據，又會提供大數據分析更完整的分析結果。到此為止，稱為「內圈正向加強循環」（步驟 1→2→7→8→1），又稱為正向系統動力圖。我們在這個內圈之中，以一個「正號 (+)」來表示。如果在步驟 2 的大數據分析得出的洞察顯示，客戶對於商品履約或是服務需求因為各種不同的因素變化（例如：收入增加、競爭者拉高競爭條件），而對「新零售」企業的供應鏈服務能力產生了新的需求，則「新零售」企業需要針對更複雜的供應鏈管理需求（步驟 3）進行分析與定義，並且根據這些更複雜更高難度的供應鏈管理需求，進行高度數位化供應鏈管理的模型參數做出調整（步驟 4）。假使經過調整後還不能滿足新的需求，則需要對於供應鏈的模型做出深度的設計改善（步驟 5），如果在步驟 4 的供應鏈模型參數調整後就能支持新的供應鏈需求，則更有彈性、更有效率的數位化供應鏈（步驟 6）將會產生。同樣地，如果供應鏈不僅止於調整模型參數，還發生了深度的供應鏈設計改善（步驟 5），則也會在改善完成之後，進入到「更有彈性、更有效率的數位化供應鏈（步驟 6）。當然，更好的供應鏈運作模型與運作結果，必定可以帶來更好的客戶體驗，與更符合精準行銷的履約能力等結果（步驟 7）。

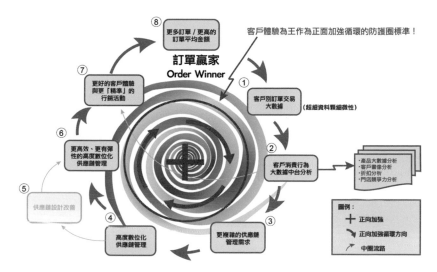

▲ 8-5：「廣義新零售」三大策略構面正向加強循環：訂單贏家。本書作者原創整理。

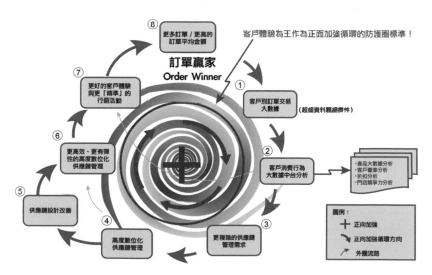

▲ 8-6：「廣義新零售」三大策略構面正向加強循環：訂單贏家。本書作者原創整理。

在這兩個需要調整供應鏈模型參數的「中圈正向加強循環」（步驟 1→2→3→4→6→7→8→1），或甚至重新設計供應鏈結構「外圈正向加強循環」（步驟1→2→3→4→5→6→7→8→1），就是企業成功運用 3+1 策略構面後的正向加強循環結構。

此一正向加強循環結構揭示了「新零售」企業 3+1 策略構面，經過適當規劃之後成功的秘訣——那就是形成正向加強循環的「廣義新零售策略循環」可以為企業帶來源源不斷的成長動力。相信這樣美好的成果正是所有企業主與高階主管每天努力不懈所想要爭取的最終成就！

然而凡事都沒有完美的存在，在這個正向加強循環的漩渦之外，還有一個「負向加強循環」的機制存在（圖 8-7）。任何一個步驟如果沒有基於「客戶體驗為王」的原理，持續進行自我砥礪、自我檢討、自我改善，一旦不能使客戶持續在超完美訂單的體驗中保持下去，就會瞬間產生客戶的不滿意，甚至流失。輕者導致訂單流失或者沉默地刪除 APP，重者對於不滿意的客戶體驗大加推廣給所有社交媒體能接觸到的人群。這就是每一個被漩渦所甩開的藍色箭頭所代表的意義。離開了「客戶體驗為王」這個標準的臨界範圍之後，原本不斷向核心吸引的正向加強循環的漩渦瞬間變成向外甩開的負向加強循環，看起來雖然怵目驚心，但是值得策略規劃的高階管理者，在分析規劃每個步驟時深以為戒。只有不斷地提醒自身所處的企業——「客戶體驗為王」是最終也是最高的追求目標，才能使「新零售」企業在不斷升級的過程中，乘風破浪，不斷前進，不斷提升！

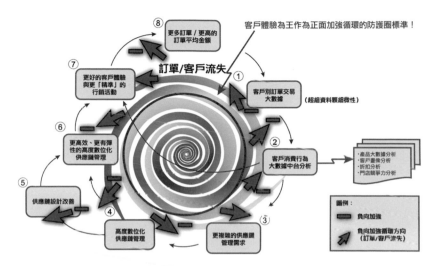

▲ 8-7:「廣義新零售」三大策略構面負向加強循環：訂單流失。本書作者原創整理。

客戶體驗管理策略的自我反思

1. 我曾經擁有的最佳客戶體驗是怎樣的？購買了什麼商品？為何令我難忘？如果我是老闆，我能提供我的客戶比這個經驗更好的客戶體驗嗎？

2. 我曾經想過怎樣才能給客戶經常帶來令人難忘、驚嘆（客戶說：WOW！）的購物體驗嗎？試著把這些想法寫下來。

3. 我們公司對於客戶體驗管理有哪些作法？是否已經設立獨立組織？如果還沒有，平常是怎樣推動客戶體驗管理的？

4. 公司老闆是否重視客戶服務部門的客戶投訴相關紀錄與分析結果？平常是否有週期性的會議來檢視這些紀錄與分析結果？老闆是否參加這些會議？哪個單位能做出對於嚴重客戶投訴的最後決定？

5. 我們公司的手機 APP 或是官網會員資料，每月的新增 MAU/DAU 趨勢是怎樣的？每月的流失 MAU/DAU 趨勢又是怎樣的？我們的行銷部門或是客戶體驗部門，多久檢視一次 MAU/DAU 的變化資料？我們的行銷部門或是客戶體驗部門對於流失的 MAU/DAU 做出哪些分析？是否已經進行改善而有明確的成果？

系統動力學與正向加強循環基模

　　系統動力學，由麻省理工大學史隆學院的教授佛瑞斯特所提出，並由他的學生彼得‧聖吉發展出：系統思考、學習型組織等理論與實務的作法，並且在《第五項修練》一書提出系統動力學的「基模」圖形表示法，用來說明系統動力學所分析的特定系統環境的深層結構，不同的單位與力量在系統內的交互作用，以及透過系統結構所會產生的正向加強循環，與負向加強循環等。系統動力學經過有系統的分析企業的集體行為模型，可以運用電腦模擬進行對於超級複雜事件與模式的推演，並且得到相當準確的預測。彼得‧聖吉在《第五項修練》提出：「系統的結構影響系統內所有人的行為」此一破天荒的觀念，並且創造了「啤酒遊戲」的供應鏈模擬遊戲，讓不同的團隊實際參與演練，直接感受集體決策時，受到系統結構影響個人決策行為的震撼性結果。此一學派影響了一批人進行組織學習的企業內部訓練與改變，也是第一次人類史上對於組織管理、集體行為建立的科學化分析與觀察的詳細理論與可驗證體系。

　　利用系統動力學進行系統化思考所導出的結論，竟然有許多與古老的中國智慧不謀而合，在彼得‧聖吉的自序之中，他也特別強調了這一點。彼得‧聖吉認為，由於近代分工的思想，導致組織內部大量發生「分割」的思考，透過系統動力學的分析發現，往往也許看似簡單的幾個內部組織分割，卻導致企業的整個系統掉入到「動態性複雜」的陷阱，最後在企業內部系統的人，被「誘導」產生了捨本逐末、避重就輕、越治越糟等問題。藉由系統化思考，彼得‧聖吉認為可以為企業帶來避免組織內部因「分割而產生的矛盾與衝突」，因單一部門侷限的思考所產生的「你爭我奪、互相

防衛的內部競爭」。

筆者認為，系統動力學與《第五項修練》是 20 世紀最重要的企業管理技術發明之一，可以科學方法進行客觀的分析，協助企業高階管理者綜覽全局，並且透過與管理團隊保持深度對話 (Dialogue)，瞭解企業面臨的真實問題與困境，進而建立學習型組織，追求真正有利於企業的願景（除了營收成長、利潤增加、還有組織總體的學習與成長），避免越治越亂、本末倒置，甚至內部團隊誤闖「努力的共同製造系統混亂」的悲劇。

在系統思考的基模繪製過程中，經常會發現有正向加強循環或是負向加強循環的發生。透過系統化思考的方法，建立對於企業或是特定專案的系統動力學基模，可以協助我們分析與思考企業面臨問題的真正根本原因，並從系統化思考的全局性出發，找到真正能解決問題，並且讓團隊成長的最佳辦法。

在思考與檢視許多企業驚人的成功或失敗的案例之中，經常能發現系統化思考與基模的分析手法，能以深入淺出的角度，讓我們瞭解企業成敗的核心因素。在線上線下通路虛實融合經營的 4.0 世代，正向加強循環與負向加強循環會因為社交網路的力量更形放大、加強循環作用力量的倍數，因此本書引用此一系統化思考方法，做為「廣義新零售」3+1 策略構面的綜合運用模型。

第9章

中小企業也能
做好新零售

零售行業革命帶來的新機遇

由於「新零售」企業的關鍵，在於提供最有吸引力的客戶價值，換句話說，誰能提供更好的客戶體驗、更高性價比的商品與服務，誰就能吸引更多的客戶下單。因此，對於許多實實在在做產品的中小企業來說，「新零售」行業的崛起趨勢，既是快速劇變中的挑戰，又是千載難逢的機會。

由於在線上通路，客戶在看每一個「新零售」的企業都是一樣的，不會因為「新零售」企業的規模大小而有很大的區別，重點是「新零售」企業要設法在客戶體驗上留下深刻的正面印象，不但可以產生重複購買，還有機會藉由客戶親自推薦產生快速裂變的效果。

那麼中小企業如何從事「新零售」的相關規劃與投資？

筆者有下列幾點建議：

● 根據本書「傳統零售策略規劃」與「傳統供應鏈策略規劃」的問卷，進行自我評估，並試著回答本書在這兩個章節所描述的規劃步驟，「新零售」企業自身的想法與答案。

● 根據上列答案，列入與本書「數位化供應鏈策略規劃」的差距，並選擇最重要的一至三點進行投資。

● 建立「新零售」企業精準行銷與客戶體驗的管理流程與部門。人數不用多，但是必須有專任主管，即使是一人部門也可以。

● 建立「新零售」企業的客戶旅程地圖分析，並明確「新零售」企業還缺少哪些相關做好客戶體驗的資源。

● 對於中小企業升級轉型到「新零售」企業，建議對於自行建立需要較高固定成本的機能，例如：物流、CRM 系統、客服中心等業務，考慮採用外包方式，降低非必要的投資，使得這些機能的成本都採用變動成本計費，用多少算多少。但是要慎選有「新零售」企業服務經驗實證的第三方物流公司與 CRM 軟體廠商。對於第三方物流公司、客服中心的服務，必須設立 KPI 進行定期考核。對於客服中心的客戶投訴紀錄，要設有專門的主管進行最少每天三次的檢視，與即時反應、處理客戶投訴。

● 與 O2O 行業服務公司合作。例如：許多餐飲店與外賣 APP 公司簽約合作，使用簽約外賣公司的手機 APP 與相關軟體，對周邊的客戶進行銷售與配送餐點到家。餐飲店的店主只要專心做好餐點即可，把外賣配送、接單軟體都交給專業的 O2O 外賣配送公司負責。這個方法會需要付出一定比例的費用給 O2O 外賣配送公司，但是也省去了自行投資系統與找人負責管理的成本。在新世代的客戶消費行為快速向「新零售」移動與改變的時代，建議餐飲業者應該花更多時間思考如何因應這個變化。最近電視新聞報導，美國有一家餐飲業者只有一個面積很小的廚房、單做外賣，完全沒有空間可以接待前來享用餐點的客戶，但是這個餐飲業者竟然擁有高達十六個線上外賣的品牌。只見十六個平板電腦排列整齊、不斷地在用餐時段接單，所有餐點則全部由幾位廚師在同一個面積很小的廚房內料理出來，這也是一個很好的參考案例。馬雲曾經提出 Made in Internet 做為「新製造」的概念，而這個案例可以稱為 Cook in Internet（網上廚房）做為「新餐飲」的創意概念。因為該業者充分發揮了利用新技術，在「新零售」餐飲行業進行高度分工，藉由打造十六個不同的品牌形象，得以利用這些不同的品牌，分別吸引在三公里商圈內的更多餐飲外賣的不同類型的客戶。

中小企業的新零售案例

中小企業從事「新零售」的經營，首先遇到的主要困難之一就是數位化。因為公司規模小，不足以支持建立完整的資訊部門，但是面對「新零售」經營的需求，卻又必須擁有高度數位化的經營工具，如何數位化就成為中小企業從事「新零售」的主要門檻之一。尤其是在「新零售」行業，數位化的內容包含最基礎的產品資料數位化、數位化供應鏈管理、建立精準行銷的 CRM 系統、銷售大數據分析、客戶畫像分析追蹤、促銷資訊精準觸達投放給特定客戶畫像群，以及追蹤客戶服務與投訴紀錄，做好客戶體驗管理等。對於中小企業來説，想要自行建立開發一整套「新零售」的系統與管理制度，確實不容易。

當然，軟體服務行業並沒有忽略這個商機，目前已經有多家業者從事有關「新零售」行業的相關共用軟體系統服務（又稱為 SaaS 服務），提供各類的「新零售」軟體系統解決方案。

妍霓絲品牌善用資訊平台組合「新零售」系統解決方案

在此，介紹一種採用組合資訊系統解決方案的「新零售」中小企業實施案例——妍婋國際有限公司 (www.eileengrace.com.tw)。

妍婋國際以「妍霓絲」品牌名稱從事化妝品的研發、製造與銷售，並且利用「新零售」的全通路模式進行多通路的銷售，透過官網銷售、臉書商店、LINE@、Google 商店等多種通路，以及 PCHome、蝦皮、Momo 等傳統電商通路，進行宣傳與行銷，銷售範圍遍及台灣、香港、澳門、中國大陸（採進口後經銷商制）、新加坡、越南、馬來西亞、菲律賓、印尼、美國、加拿大等地。妍霓絲代表優雅而閃耀之意，其品牌

定位是「讓使用者成為內外兼備、智慧與顏值並存的人」。妍霓絲總經理 Grace 認為，妍霓絲強調以實證調查做為產品研發基準，所有美妝、保養產品都經過實地調查使用者的需求，才開始撰寫「商品開發企劃書」進行研發，並且對於所有上市前的產品，都經過嚴格的使用者實際測試過程，檢核通過後才會量產上市。經過幾年以來的努力，妍霓絲已經開發出數百種產品，臉書粉絲高達十五萬人以上。

▲ 9-1：妍霓絲官網促銷網頁，妍姥國際有限公司提供。

針對「新零售」經營模式下，如何進行對於會員個人的精準觸達，與提供更仔細、更貼心的產品推薦與介紹？妍霓絲總總經理 Grace 表示，由於創業維艱且起始資金有限，盡量把資金用於產品開發與品質的維護，從線上零售的官網建置開始，就採用選擇外包給 SaaS 共用軟體系統服務商的策略，以便盡量節省開支。由於 SaaS 軟體系統服務是採取月繳租金制，幾乎沒有固定資金的投入。目前使用 WACA 系統所提供的官網建置服務功能相當完整，包含：商品陳列、銷售結帳、多貨幣結帳、客戶積分自動導入多通路數據結算、促銷活動、折扣碼使用、發票設定、宅配物流公司連接、配送狀態自動回傳、客戶服務、客戶推薦贈送購物金、會員制度、會員分級、會員標籤註記（基於客戶畫像分析結果或自定義標準）等功能，每月租金還不到一萬元新台幣。

其次，妍霓絲對於官網上使用的所有照片、影片等素材，除了必須外包的專業製作部分以外，均盡量由員工進行後製作等加工，以節省費用。尤其是妍霓絲客服部門在網路的回覆文字內容，絕對不使用罐頭訊息。客服部門都是由公司指派熟悉產品與使用問題的專職員工負責，深入傾聽消費者的問題，細心為客戶解決疑惑，並且經過整理後，把各種常見問題拍成教育影片、「小編開箱」等，既貼心又有知識性。客服部門的輪值時間，從每天早上十點到晚上十點，以方便客戶隨時提出問題。在貼心的客戶服務關注之下，許多客戶使用效果顯現之後，還自願提供保養前後的對照相片，完全達到使用者強力推薦的加乘效果，真的是「呯好逗相報」。透過客服部門傾聽客戶的需求與貼心的服務，以及成功客戶的推薦，妍霓絲達成了首次下單平均客單價約新台幣一千多元，第二次回購就提升到新台幣三千至四千元，而 VVIP 甚至經常回購新台幣上萬元。

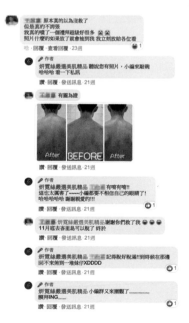

▲ 9-2：妍霓絲客戶對產品使用成功評價與推薦，還發出使用前後對照相片，妍婇國際有限公司提供。

以妍霓絲客服部門成果的案例來看，客戶重複購買的訂單平均金額大幅度提升，而且客戶滿意的積極反饋與推薦，引發了更多的客戶認同、下單，證明菲利浦‧科特勒在《行銷 4.0》中所提出的 5A 架構中的第五階段「倡導」，確實對於「新零售」的客戶體驗管理影響甚巨。成功的客戶體驗管理能超越一切行銷技術，以扎實的產品品質真正獲得客戶的認同與重複下單。

在大數據分析的部分，妍霓絲引進了大數據分析服務，費用也是採用月租方式，並由大數據分析公司每日、每週、每月提供相關的大數據分析報告，其中包含暢銷產品分析，還有經過分析後的特定產品，以精準觸達方式推薦給特定客戶畫像標籤群體的報告；像是針對特定對象（如：購買習慣與膚質）發送促銷優惠、「其他購買本商品的人也在看這些商品」主動推薦功能等。這些基於大數據分析後的精準觸達報告，已經在每個月都給妍霓絲帶來額外的新訂單，且收入所帶來的利潤明顯超過每月的系統租用費用。

在供應鏈最後一哩的配送部分，妍霓絲在台灣採用新竹貨運、宅配通等簽約廠商，進行直接配送到客戶家中，或是配送到客戶指定的超商自行取件的方式，完成訂單配送。對於台灣以外各地的客戶，則是採用國際快遞配送為主。由於在中國大陸的客戶也不少，妍霓絲採用設立經銷商的方式，並且採用設立中國大陸總倉、直接透過快遞發貨給經銷商的方式，保證了在中國大陸當地的配送速度、庫存充足的供貨保障，與快速反應的服務機制。

同時，妍霓絲也經營著多個通路的促銷活動，不管是臉書粉絲團或是 LINE@ 的粉絲聯繫溝通，都有專人負責。在臉書粉絲團之中，設有化妝示範的影片課程，由專家或素人親自上陣示範妍霓絲化妝與保養產品的使用方法，大幅拉近與粉絲的距離。

從妍霓絲的案例可以發現，中小企業也能做好「新零售」！這不是一句勵志的口號，而是真正可以實現的理想。藉由不同軟體服務公司產品的組合，形成精準行銷的基礎架構，並且充分使用連接各地客戶的宅配或是國際快遞服務，把配送狀態連線後，更新在訂單追蹤的功能之中，使得供應鏈數位化的訂單即時狀態，也能展現在官網上。而創業者注重

扎實的產品開發與貼心客戶服務的策略，形成了良好的客戶體驗管理，藉由成功使用者的口碑推薦，進而不斷強化妍霓絲的品牌，並使得客戶群持續擴大。

妍霓絲在有限的投資下，以「新零售」策略實現創業成功並能持續成長，重點在於創辦人根據「貼心為客戶解決問題」的理念與多年的管理經驗，精準地抓住了「新零售」三大策略：客戶體驗管理、精準行銷、數位化供應鏈的精髓，運用彈性組合資訊系統與大數據服務等方式，以最少的費用，達成最貼心、最有效率的服務，確實值得對於「新零售」經營感興趣的中小企業做為參考。

一成美國際行銷打造微型網紅 開拓「新零售」全新線上通路

在中國大陸，近來網紅行銷已經成為一支新興的線上通路，往往一些超級網紅每天的直播能帶動銷售達千萬元人民幣，KOL 的網紅威力令世人震驚。但是這些超級網紅的代言費用高昂，完全不是一般中小企業能請得起的。為此，筆者發掘到一種全新「集客式行銷」的全新作法——微型網紅代言，既能符合善用網紅快速開拓「新零售」商機的趨勢，又能適當的控制行銷成本，相當適合中小企業做為開展「新零售」商機的方式。

據一成美國際行銷總經理雷桂美表示：「我們已經建立了與多家微型網紅平台的深度合作，所以累積了數以千百計的微型網紅行銷夥伴群。」一成美國際行銷一方面從事提供品牌商的行銷顧問工作，並能直接為品牌商與微型網紅行銷夥伴進行合作的篩選與媒合，同時協助品牌商快速找到合適的微型網紅，以便藉由微型網紅自帶的粉絲客戶群，協

▲ 9-3：微型網紅梅子姊擅長分享個人經驗，成功帶貨，為品牌商創造業績，也為個人賺取分潤。一成美國際行銷提供。

助品牌進行商品銷售的快速拓展。

事實上,網紅行銷之所以能快速達成業績拓展的原因,是由於部分個人客戶對於特定的網紅銷售明星有高度認同,無論網紅明星推銷何種商品,幾乎在他/她的客戶粉絲群裡面就能有非常好的銷售業績。筆者認為其深層的因素是同一個網紅明星的粉絲客戶群,在某些參數上基本雷同,屬於相同的客戶畫像群體。因此,進行特定的商品行銷規劃時,就可以透過搜尋特定的客戶畫像群的參數,找尋合適的網紅明星進行合作。如果中小企業不能支付昂貴的超級網紅明星來協助促銷帶貨,可考慮找具有相近企業選定的客戶畫像群參數的微型網紅,來進行線上銷售,一樣能達成不錯的效果,畢竟以中小企業的營運資金來説,也不可能一次準備幾千萬元人民幣的庫存,做為超級網紅的銷售使用。所以微型網紅的出現與逐漸成熟,也是完全適合中小企業發展「新零售」的又一創新線上通路!

雷桂美總經理接受筆者採訪時表示:「以女生的平價面膜為例,我們公司在跟客戶的行銷部門討論好產品定位之後,就確定以小資女微網紅來做為本次平價面膜的推手。經過我們公司的搜尋確定採用小資女類型的微型網紅——梅子姊 MeizJ 來協助這個品牌客戶。雖然梅子姊的粉絲數不多,但她擅長使用個人經驗分享,運用 FB 和 IG 個人頁面將訂單導向蝦皮電商訂購。以泰國 Fibroin 面膜為例,梅子姊以親身體驗的照片、影片,每二至三天 PO 一篇相關文章,初期一個月銷售近 3 萬片,三個月達成銷售 5 萬片的佳績,以每片 20 元計算,為品牌創造百萬元收入,也為自己賺到 20、30 萬元的獎金。更重要的是,對於我們的品牌客戶而言,不但廣告預算得到很好的控制,還達成快速拉動銷售的效益,同時我們的專業行銷服務,也為消費者、品牌客戶與微型網紅梅子姊創造了多贏的局面。」

　　過去，雷桂美總經理曾經擔任媚登峰行銷副總，她認為微型網紅行銷的發展，從以往單純的業配收費，到現今的業配結合分潤行銷，因為本身不必擁有自己的商品，只需要協助品牌達成聚集人氣、轉換為成交訂單的目標就能獲得利潤回饋，也不需承擔產品或服務的物流、金流、退換貨等問題，使更多有人氣的微型網紅明星得以輕鬆加入到微型網紅行銷的行列。其實，微型網紅行銷也不是新的行銷方式，而是從過去美國盛行的聯盟行銷 (Affiliate Marketing) 發展而來，都是透過影響力來行銷進而得到回饋收益，創造多贏。同時，「我們也可以提供客戶交易資料整理的服務，使得一些品牌企業不必擔心自己公司沒有專業資訊部門，來配合線上通路操作的困擾。還可以使每次微型網紅促銷後所累積的交易大數據資料，能合理的保存與做為後續行銷活動的重要參考。」

　　相信許多中小企業在從事「新零售」升級轉型之際，都會發現新的線上通路有許多「眉角」，但是透過一些新型的專業行銷服務，也能使得中小「新零售」企業快速學習，避開這些所謂的新技術造成的障礙，並且快速地投入到這些新的線上通路之中，為企業本身的「新零售」升級與轉型，創造全新的通路與全新的收入！

　　「新零售」的各種線上、線下通路的創新與發展，還在快速的演進當中。從超級網紅出現，到今天微型網紅的成熟，都一再地說明「新零售」經營型態，是可以有無限的創意及無限可能的。「新零售」的無界，也包含了中小企業可以在線上通路與世界級企業平起平坐，因為在網路世界裡，每家公司只有依靠既有的品牌力與客戶體驗的差異化，不論公司大小，對於個人客戶來說都是平等的。雖然「新零售」的浪潮既快速又猛烈，但是中小品牌企業仍然能在創意與「客戶體驗為王」的基礎上，展開自己的「新零售」升級與轉型，並獲得巨大的成功！

O2O 的參考模型

　　O2O 的模式也相當適合另一類型的中小企業參考，單一線下門店的服務半徑大約在三公里之內，對於一些經營實體門店的餐飲業者、銷售通路業者來說，採用 O2O 模式跟傳統的零售方式，只是擴大了能服務的客戶群體，如果能成功運用「新零售」結合線下業績與線上業績的增長，對於收入的增加是有明顯幫助的。筆者用一個簡單的模型，來說明 O2O 線上線下一體化經營的概念。

　　將 O2O 基本模型區分為線上、線下，同時根據距離遠近，又各自分為內圈、中圈、外圈三層。「新零售」O2O 的核心部分，有「新零售」三要素：人、貨、場三大維度，這三大核心要素同時存在於線上與線下。最明顯的，就是「場」可以區分為線上與線下，在這個半圓形的上面是代表線上，例如：在生鮮電商行業這個線上的「場」就在手機 APP 上，客戶可以用它下單、線上逛超市等。線下的部分，這個「場」就是實體的賣場。我們可以看到現在幾個主要的電商集團，都開始併購或建立自有的實體賣場，進行線上線下融合的全通路道經營。

　　在線下賣場部分，由近到遠來看，線下部分最近的內圈就在實體門店內，更遠一點的中圈，就是所謂的即時配送範圍，一至二小時能夠送達的三公里半徑，因為 O2O 是即時達，為了保證客戶能快速收到商品，三公里半徑就是一個常見的即時達的配送範圍，因此，可以說 O2O 的配送客戶群，就在這個範圍裡面為主。

　　第三圈（外圈）是超過配送三公里半徑以外的範圍，也就是一個體的門店在即時配送時效以內，覆蓋不到的範圍（>3 公里），這個是不也應該做為大數據分析與客戶促銷的範圍？答案是需要的！因為潛在

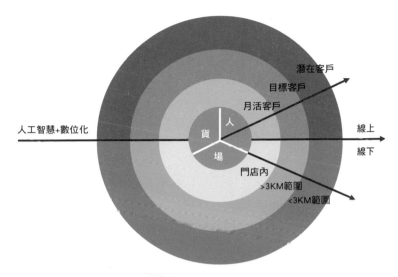

▲ 9-4:「新零售」O2O 基本模型。本書作者原創整理。

客戶在這個範圍內還是存在的，也有可能因為街道天然的限制，在規劃一個門店的「電子圍欄（GPS-based Geo-fence）」的時候，某些部分是小於半徑三公里，另外某些部分是略大於三公里半徑的。假設一家生鮮電商企業服務網點，與三公里半徑的電子範圍內，就能覆蓋城市的全部或大部分面積，則在線下部分的「場」可能就不太需要考慮三公里半徑以外的區域，因為那是由其他門店進行服務的範圍。

　　線上部分的最內圈，筆者認為是月活躍客戶，一般來說，三十天內的月活客戶會再下第二次訂單的機率是最高的，是最接近線上的「場」的核心客戶。線上的第二圈就是目標客戶群，可以用特定的客戶畫像群組來定義。但是中圈的目標客戶不包含內圈的月活躍客戶。所以對於「新零售」企業的行銷主管來說，可能這些客戶是還沒有被觸達的目標客戶群（沒有成交紀錄、不在客戶畫像群組內），也有可能是已經有成交紀錄、但是暫時沒有持續下單的客戶。例如：一個多月前下單、後來忘記

使用這個 APP，也許某一次消費的體驗不好，客戶決定暫時不買。因此，對於在中圈的目標客戶群行銷的目標，是如何重新啟動暫停下單的客戶。

　　線上的第三圈，依筆者之見是潛在客戶。因為潛在客戶還沒有真正加入手機 APP，也沒有體驗過 O2O 的配送到家服務，卻有可能是符合「新零售」企業選定客戶畫像的群體，「新零售」企業的行銷主管就要設法觸達這群人，並設法使他們能加入手機 APP，並且進行首次下單。有很多雙薪家庭其實很需要 O2O 的超市服務，因為他們工作忙碌又希望每天能買新鮮的食材在家做飯，給家人吃得更有營養、更衛生，這樣的潛在客戶完全符合尼爾森公司 2019 年報告調查的客戶畫像。以線下實際距離來說，也許這些潛在客戶位於三公里半徑以內，但是目前又沒有接觸到（更不用提加入手機 APP），這些就是實體距離很近，但是心理距離還比較遙遠，最適合做為潛在客戶來開發的一群人。

總結

「通路為王」的時代已經逐漸離我們遠去，傳統電商已經把實體通路在全世界都逐一擊敗了，但是「新零售」正在快速衝擊著所有線上與線下的傳統通路。因為 4.0 虛實融合時代的新技術，帶來的是「客戶為王」的全新革命。

在4.0世代來臨之際，除了目不暇給的ABCD新技術（A：人工智慧、B：大數據分析、C：雲端運算、D：物聯網感知設備）不斷地衝擊著我們的想像力，傳統以來的大集團也不能依靠資本或是既有的營業規模，佔有絕對的優勢，在這個時代，需要全新的策略思維才能重新站穩成長的基點。

在「廣義新零售」3+1 四大策略構面加持之下，「新零售」企業如何在殘酷的跨界競爭之中脫穎而出？中小企業又如何能在這場星際大戰之中，求得生存與未來的發展空間？「廣義新零售」的策略規劃四大策略構面，提供給本書讀者的是一套策略思考方法，不同的零售行業需要加入自身行業的核心競爭力、產業專業知識 (Domain Know-how)，才能注入真正有競爭力的靈魂。

面對動態競爭隨時可能發生、新技術投資需求金額巨大、客戶快速流動在不同的「新零售」服務之間，而 4.0 虛實融合時代的人才還不確定如何能充足養成的種種挑戰之下，筆者相信只有真正做好「客戶為王」的「新零售」企業，方能勝出並且不斷地壯大。單純只是依靠資本挹注的高額折扣與價格大戰，不是成功的保證，也無法久戰。2019 年第四季，中國大陸的多家生鮮電商在資本停止輸血後，立刻在幾個月內倒地不起，就是很實際的案例。這些案例帶給我們的重要啟示，就是未來的「新零

售」企業必須真正靜下心來思考「客戶為王」的有效策略，才經得起客戶的流動和市場的考驗。而客戶在更高速的資訊流通環境之中，只會擁有更多的專業資訊，相反地品牌企業過去的資訊不對稱優勢幾乎大部分消失。因此，只有真正打動人心的商品、貼心的服務才能持久。中國大陸網紅李子柒能以只有中文字幕的影片，在 Youtube 上短時間就收獲國際上的 750 萬粉絲，竟然能與資本雄厚的 CNN 頻道粉絲數等量齊觀，很清楚地說明——打動人心的商品、服務或內容，才能在明天持續贏得更多客戶。

工業互聯網的發展會將相同產業的客戶訂單資訊集中後，進行大數據分析，對品牌廠商可以有高度參考價值，而個人客戶在資訊高度流通的今天，不再處於弱勢！「新零售」to C 服務是直接面對個人客戶的互動方式，使得「新零售」企業對於客戶不滿意的問題，不再有推諉的空間。對於「新零售」企業來說，直接面對客戶做生意的挑戰雖然艱鉅，回報的結果卻是指數型增長的。連行銷大師菲利浦・科特勒都以專書《行銷 4.0》提出最新的 5A 模式，特別強調第 5 個 A 是「倡導」：滿意的消費者將會推薦商品給所有好友，不滿意的也會告知親友！

歸根結底，「新零售」企業的領導者只有把「客戶為王」奉為圭臬，並且真正投資在瞭解客戶體驗的過程，才能深入理解並深信「客戶體驗為王」的策略，才是「新零售」企業真正具有未來性的趨勢，也是「新零售」企業未來唯一最優先的策略。只有真正注重客戶體驗的「新零售」企業，會投資在如何提升客戶更好的全通路體驗，會靜下心來定期用幾天的時間，把客戶旅程地圖做實地調查數據的整理與團隊內部的討論，並得到真正對自己所經營的「新零售」行業最近一個週期的「客戶體驗洞察 (Insight of the Customer Experiences)」。也只有把「客戶體驗為王」奉為最優先的策略，不斷定期檢視客戶旅程地圖的實踐成果，與

團隊協同全力推動更新與升級後的客戶體驗流程，才能使得「新零售」企業不論規模大小，都能在自己的專長產業中持續受到客戶認同與連續的推薦，這就是「客戶體驗為王」！這就是「新零售」浪潮的下一波高峰！

傳統電商以價格優勢吸引客戶的主要優勢紅利已經幾乎用盡，在近年已經發生中國大陸的電商平台業績增長幅度明顯下滑、平均每個客戶的獲客成本大幅上升的困境。

而台灣的「新零售」行業在 2019 年，突然爆發式的進入消費者的生活，大量的餐飲外賣服務進入到所有人的日常，開始有更多的企業老闆跟筆者聊天時，提到了「新零售」的觀念、衝擊與挑戰。

筆者相信由於時代的演進，「新零售」與工業 4.0+ 物流 4.0 的潮流是全面性且不可抵擋的，單單看到傳統電商已經席捲全球的線下各大零售企業，就能想見「新零售」這一波更加虛實融合的升級，才是所謂 4.0 世代（指基於工業 4.0、物流 4.0、行銷 4.0、各種新的 4.0 技術與觀念來經營與生活的時代）真正的未來與挑戰！在人工智慧、自動化機器人、物聯網、自動駕駛＋車聯網等新技術，都將在十年內推進到更加成熟的下一個高峰的情況下，C2F 客戶大量地直接向工廠訂購個人化商品的時代必然會來臨，因此「新零售」既是挑戰也是機會，而機會永遠只保留給有準備的人！

面對完全去中間化、客戶體驗為王的時代快速靠近，「新零售」企業肩負的是提供更加美好的消費體驗，與客戶更加滿意的美麗生活。

願以此書與過去、現在、未來在「新零售」奮鬥的同業朋友們分享！

國家圖書館出版品預行編目 (CIP) 資料

新零售策略規劃：客戶為王的 4.0 世代 /
林希夢著 . -- 初版 .
-- 臺北市：林希夢，2020.02
　面；　公分
ISBN 978-957-43-7457-1(平裝)

1. 零售業 2. 產業分析 3. 行銷策略
498.2　　　　　　　　109001440

新零售策略規劃
——客戶為王的4.0世代

出版暨發行者	林希夢
出版地	台北市
電郵	ximeng.lin@gmail.com
作者	林希夢
編輯製作	五餅二魚文化事業有限公司
印製	映威有限公司
初版	2020年2月
ISBN	978-957-43-7457-1
定價	新台幣450元